Make:

littleBits快速上手指南：

Getting Started with littleBits：
Prototyping and Inventing with
Modular Electronics

用模組化電路學習與創造

艾雅・貝蒂爾（Ayah Bdeir）
麥特・理查森（Matt Richardson） 著

江惟真 譯

目錄

第 6 章　創造你自己的電子積木 ··················· **131**

創辦人自序

　　既然你買了這本書，我就不再多花篇幅告訴你自造者運動有多棒，你應該已經瞭解了。你一定知道人從創造中——不管是創造機器人、3D 列印還是美食——能獲得多大的成就感與滿足。你肯定相信 STEM ／STEAM[1] 精神以及「從自造中學習」能帶來社會、經濟與教育的變革。你想必也認為，鼓勵自造、混合、網路和實體共享的社會，比筒倉文化[2] 更有意義。

　　但今天我想談一個更遠大的想法：我們不但是自造者，也可以是發明者。我認為發明者是自造者的進化版。發明者可以是問題解決者，發明某個解決方案解決問題；也可以是創意思考者，創造沒有人想像過的未來。把自造升級成發明，我們必須學會全新的語言瞭解身邊的世界，也需要一個重新發明的大平臺。

　　我們每天花超過 11 個小時使用電子裝置，但是大多數人不知道這些裝置是如何運作的，更別說要自造了。2008 年我剛開始投入 littleBits 專題時，人們每天使用電子裝置的時間是 7.5 小時。科技已經變成生活不可或缺的一部分，建立起我們的日常。我們開車、拿智慧型手機、使用確保人身安全的警報系統，還有兩歲小孩就會滑來滑去的 iPad；但是工程學仍然深奧，電子產品依舊像個黑箱。捫心自問，我們已經不再瞭解自己生活的這個科技世界。同時，世界正在飛快地演進，從物聯網到人工智慧，各有其願景和挑戰。如果我們不瞭解這個世界，又怎能因應這些挑戰呢？我認為要解決 21 世紀的問題，不管是經濟、環

---

1. STEAM（Science、Technology, Engineering、Art、Mathematics）是結合科學、技術、工程、藝術以及數學的跨學科教學方法，讓學生在數學邏輯的基礎下，藉由動手建構工程與呈現藝術美學，並學習科學技術的內涵。

2　Silo culture，意即「本位主義」、「山頭主義」，也就是只管自己、不管他人，老死不相往來的封地主義思想（fiefdom）。

境或醫療，我們需要的不是更多資源，而是更聰明地使用，而明天的驕傲將來自今日的發明。

　　和麥特一起寫這本書的時候，我回顧了許多 littleBits 開發初期的影像、手繪稿和筆記，點點滴滴都讓我深感謙卑，同時也對未來感到無比期待。希望你喜歡這本書，希望我們對這本書、對 littleBits 公司和產品投入的愛和精神能帶給你美好時光。我想對我們孜孜不倦的 littleBits 團隊致上最誠摯的謝意，感謝他們讓這個願景成真。他們是我合作過最厲害、最認真的夥伴，他們真的創造了歷史。最後，我要謝謝由藝術家、設計師、孩子、工程師、駭客、教育者、圖書館員、各個年齡層、說各種語言、由各式各樣興趣的人們組成的 littleBits 社群。你們驚人的創造力每天都帶給我驚喜。

　　我說完了，現在我們趕快開始動手發明吧！

——littleBits 創辦人兼執行長

艾雅 · 貝蒂爾

前言

我在 2008 年初開始開發 littleBits，當時我已從麻省理工媒體實驗室
（MIT Media Lab）畢業，並有電子工程背景。我在黎巴嫩貝魯特長大，
老實說我從沒想過要當工程師。家裡除了我以外還有三個姐妹，父母說
我喜歡工藝、喜歡自己動手做，而且常常搞破壞。當我在決定大學要念
什麼的時候，父母跟老師都說我應該當個工程師，因為我對科學和數學
很在行，但我總覺得工程學很枯燥；直到我進入媒體實驗室，才發現工
程與創意結合的力量。我開始運用電路製作藝術品，像是穿戴式電子
裝置、互動裝置藝術、照明藝術等。一段時間後，我發現我對工具的
興趣超過作品本身。我和同學傑夫・霍夫斯（Jeff Hoefs）曾和 Smart
Design 設計事務所合作，並一起寫了篇論文叫做《以電路為素材》
（Electronics as Material）。我們一起設計出 littleBits 最早的部分雛形、
將電路的力量交到每個人手上，這個漫長的研究計劃於此開始。

我最主要的兩個靈感來源是樂高積木和物件導向程式設計（Object-
Oriented programming）。它們也是當代最成功的模組化系統。

模組化電路

我認為要瞭解複雜的概念，就不能忽視模組化系統的力量。模組讓我
們拆解過去覺得很困難的概念，進而逐步建構起更複雜的概念。

第一個靈感來源你一定也很熟悉。1947 年，樂高將全世界最重要的建
築材料——水泥磚——變成發揮想像力的工具，人人都可以使用。有了
樂高，你不用是建築專家，就能直覺地學習、一塊一塊蓋出愈來愈複雜
的結構。幾年內，樂高成了家家戶戶都有的玩具。根據估計，總共有超
過 4 千億片的樂高積木被生產出來，全球平均每人有 70 片。不是工程
師也可以砌牆壁、蓋房子、起大樓和造橋。樂高把當代的建築素材變成

創意的基石。突然之間我們進一步瞭解了身邊的世界；市中心街上的建築物，過去看起來巨大又複雜，現在似乎不再那麼高不可攀了：你可以想像它們是如何被一磚一磚地蓋起來。

圖 P-1 一磚一磚蓋（graja/Shutterstock）。

圖 P-2 用樂高蓋出的克羅埃西亞國家戲劇院（Gordana Sermek/Shutterstock）。

第二個靈感來源是物件導向程式設計。軟體曾經是線性的、深奧的學問，只有專家才知道怎麼寫。後來物件導向程式設計出現了，引進模組的概念，人們可以重複使用過去寫過或其他人寫好的程式碼，一磚一磚地結合成更複雜的程式碼。現在只要有電腦，任何人都可以花兩週的時間學會怎麼寫出全世界最成功的遊戲。

但是硬體沒有那麼簡單。硬體產業是高度依賴資本的產業，製作原型很花時間、很需要專業，因此這個產業很大一部分仍只掌握在工程師手中。那該如何才能讓每個人都能擁有電路的力量呢？我們的做法是電路模組化。

我的第一個 littleBits 原型是在厚紙板上用 Home Depot 買來的銅箔膠帶組合成一個裝置。這是實際觸摸、感受模組最好的方式。想像一下，一個從來沒有碰過電路的人會如何與這些模組互動、會受到何種啟發？

圖 P-3 littleBits 2008 年的原型之一，材料是 Home Depot 買來的銅箔膠帶。

圖 P-4 另一個原型。注意其中用金屬針腳固定在一起的環形磁鐵。

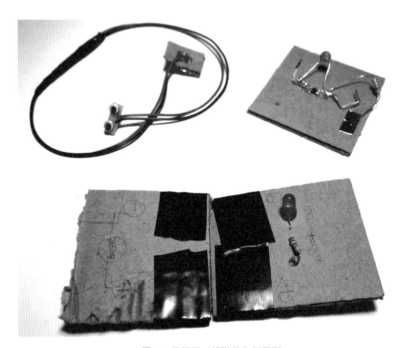

圖 P-5 已經可以組裝的各種原型！

littleBits 的每個細節都是精心設計的成果，沒有什麼是理所當然的。我們花了超過三年半的時間，做了成百上千個實驗和決策，才讓 littleBits 成為今天的模樣。當然首要任務是讓電路設計真正模組化：每顆電子積木必須能和系統中任何一顆其他積木作用，模組庫必須可無限擴充。另一個重大挑戰是幫每個模組找出正確的抽象層次。littleBits 不是元件層次的模組，而是方塊圖層次的模組。方塊圖層次要多高才能被理解、同時具備足夠的功能，是其中的關鍵。

除了電路設計外，介面設計、機構設計、成本、品牌、美學、產品命名、色碼等各方面都花了許多時間做決定。舉例來説，我花了幾週的時間尋找容易拆裝的連接器，只希望組裝的過程中不要造成任何不確定感和恐懼感。連接器必須夠小、能反覆使用，更重要的是極化方式要防錯跟防呆，不論使用者如何組裝都不會造成危險。篩選了上百個連接器後，我選了一個連我自己都不曾在電路上看過的選項：磁鐵。磁鐵還有另一個好處，就是能讓任何東西顯得神奇。

電路的尺寸必須是彼此的倍數，這樣才能以任何配置方式組成較大的電路，而且可以 2D 和 3D 旋轉，只是如此一來成品有時會比理想中稍大些。我想要讓電路看起來平易近人，而不是像一般綠色和黑色的 PCB 板那樣有距離感，所以我試了許多不同的電路板顏色，希望讓電路看起來乾淨俐落，最後發現白色效果最好。電路看起來必須人性化、中性，所以用手寫筆跡寫上模組的名字；電路是創意的基石而不是成品，所以線路必須外露。電路要通有許多的規則，所以我們設計了一套色碼，把電路規則以顏色表示：藍色和綠色是必要元件，粉紅色和橘色是其中的選擇性元件。我必須確保你能馬上看懂各個模組是什麼、如何使用，所以在使用者介面上，所有的接點都在頂面，其他的線路都在底面，儘管這不一定是最好的電路設計方式。

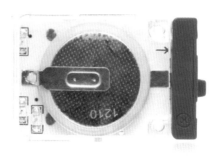

圖 P-6 歷經上千個實驗與決策後，littleBits 模組和設計語言誕生了。

我可以一一解釋模組和系統的每個細節是怎麼設計的，但那要花上另一本書了。相信我，littleBits 的各個方面，包括工程、設計、機構、製造和互動方式，都不是任意決定的，而是精心設計出來的。但只要有人拿起它，不論年齡、性別、學歷背景、國籍為何，都能在不接受任何指導之下成功組裝電子積木並使之亮燈，一切就值得了。此時此刻，你可以看到他們臉上的光彩，你知道你的作品具有某種普世性。

　　時間快轉到三年半和 27 個原型誕生後，littleBits 模組庫終於問世了──史上第一個學習與發明用模組電路平臺！

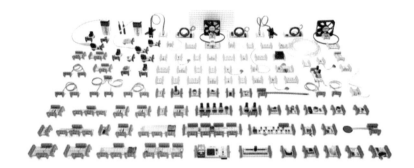

每一塊磚都是隨插即用的元件

　　我們的使命是讓每個人都可以掌握電路的力量。

　　littleBits 是個學習與發明用的電路模組庫。每個模組都是經過開發、組裝測試完畢的完整電路，從簡單電路（光、聲、感測、運動）到複雜電路（無線射頻、程式設計、雲端連接）都有。每個模組彼此以磁鐵互相連接，所以不可能接錯。不需要焊接、接線或寫程式，除非你想要。模組用顏色編碼：藍色是電源、粉紅色是輸入、綠色是輸出、橘色是線。藍色和綠色是必需的基本模組；粉紅色和橘色是選擇性的模組，放在藍色和綠色中間。這些模組可以組成數十億種不同的電路，模組庫也可無限擴充。littleBits 模組庫是開放原始碼的，使用者可以重新設計、分享給網路社群，也能學習社群的創意。

　　透過 littleBits 模組平臺看世界，你可以把任何複雜的電子裝置拆解成模組，並了解其運作方式。現在你有了瞭解身邊世界的語言，不管是簡

單的可調式照明，還是自動升降門或可上網的控溫計，都能輕鬆拆解。

圖 P-7 拆解一顆燈泡：電源、LED。

圖 P-8 夜燈：電源、滑動式開關、感光器、LED。

圖 P-9 數位控溫器：電源、滑動開關、感溫器、數字顯示器。

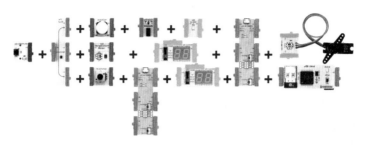

圖 P-10 自製 Nest 控溫器：電源、叉狀電線、按鈕、感溫器、調光器、Arduino、鎖存器、LED、數字顯示器、伺服馬達、雲端。

　　DIY 電子套件本身並不貴，我們最感興趣的是一種能幫助你瞭解世界、重新創造的語言。有了這樣的語言，我們可以鼓勵人們環顧四周，重新認識那些視之為理所當然的電子裝置和現象，進而獲得發明的靈感。

　　今日 littleBits（*https://youtu.be/YUUsJSDa7PE*）模組庫裡有超過 70 種電子積木、數十億種可能的組合。我們仔細地設計，讓它保持性別中立、不分年齡和技術背景都可玩。電子積木可以組合出以往需要寫程式、焊接和複雜微控制器才能做出的裝置。你可以組出有計時功能的電路，甚至是可和最複雜的機器人工具匹敵的邏輯。過去三年，我們走出同溫層，讓從沒想過成為「自造者」的人們參與、自己設計作品和電子裝置。不管你是來自紐約的 30 歲設計師（*https://littlebits.cc/designer-spotlight-ron-rosenman*）、來自新加坡的 8 歲男孩（*https://littlebits.cc/tag/chow-yu-hin*），還是待過 NASA 的老師（*https://littlebits.cc/maker-spotlight-ginger-butcher*），我們都要讓你幾秒內就能學習和創造電路：從網路門鈴（*https://youtu.be/hJsrma74Lns*）到反應自如的機器人（*https://youtu.be/ij0toovW9HI*）。

Gramopaint 畫圖機
by Milind Sonavane

天氣預報機
by Tam

披薩盒唱盤
by Ginger Butcher

彈珠臺
by Philip Verbeek

眨眼機器人偶
by Jeff Bragg

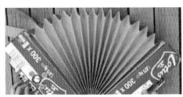

合成器手風琴
by Makedojo

循跡機器人
by Rory Nugent

吹泡泡笛
by Jakester

　　今日有超過 3,000 所學校、教學機構和圖書館使用 littleBits，遍佈超過 70 個國家，任何年齡和主題的教學都可使用，不管是文法（*https://clmoocmb.educatorinnovator.org/home/assignments/learning-grammar-with-little-bits/*）、音樂（*http://littlebits.cc/lessons/vocal-synthesizer-workshop-modeling-the-human-vocal-tract*）還是 21 世紀產品設計

（*http://littlebits.cc/lessons/how-to-run-a-littlebits-workshop*）。

　　過去幾年來，我們和全世界最富盛名的設計界和科技界領袖合作，包括 MoMA（*https://youtu.be/K4fjKQPZ62Y*）、KORG（*https://youtu.be/vDxz8bpqOMU*）和 NASA（*http://youtu.be/WrywrtSnSog*），現在仍持續如火如荼地擴充 littleBits 平臺。第一，科技方面，我們和 bitLab（*http://littlebits.cc/bitlab*）合作，任何人都可以設計自己的模組，讓社群投票，我們會生產出來並共享收益。

　　地理方面，今年我們啟動全球推廣計畫，讓合作的自造者空間、學校和設計工作室幫忙散播我們的理念，在全世界舉辦活動和工作坊。

　　讀本書時，請搭配 littleBits.cc（*http://littlebits.cc/*）認識其他社群成員，從社群獲得靈感和最新的課程。當然，也請追蹤我們的 instagram（*http://instagram.com/littlebits*）和 twitter（*https://twitter.com/littlebits*），炫耀你的新發明！

—— LittleBits 創辦人、執行長

艾雅 · 貝蒂爾

本書特殊字體和圖示的意義

以下是本書中使用特殊字體和圖示代表的意義：

斜體字（*Italic*）

> 表示新名詞、網址、電子郵件、檔名和副檔名。

定寬字（`Constant width`）

> 表示程式碼以及出現在文章中的程式元素，如變數、功能名稱、資料庫、資料類型、環境變數、敘述和關鍵字。

粗體定寬字（`Constant width bold`）

> 表示讀者應確實輸入的程式指令或文字。

定寬斜體字（*Constant width italic*）

> 表示可隨著前後脈絡或讀者意願替換的數值。

鉛筆圖案代表一般性的註解、訣竅或建議。

炸彈圖案代表警告或安全注意事項。

使用程式碼範例

本書的目的是幫助你完成你的作品。一般來說，你可以將本書的程式碼用於你的程式和文件中。除非你要大量重製這些程式碼，否則不需要經過我們的同意。例如，寫一支用到本書多個程式碼的程式不需經過我們同意，但販賣或經銷含有 Make: 書中範例的 CD 則需要。引用本書內容或程式碼回答問題不需要經過我們同意，但若你的產品文件引用到一定數量的本書程式碼則需要。

若你能標示出處我們會非常感謝，但並非必要。出處標示通常包含書名、作者、出版商和 ISBN。例如「Getting Started With littleBits by Ayah Bdeir and Matt Richardson（Maker Media）. Copyright 2015, 978-

1-4571-8670-7」。

如果對程式碼範例的使用方式有疑問或需要徵得同意，歡迎透過 *bookpermissions@makermedia.com* 聯絡我們。

Safari® 線上電子書

Safari Books Online 是一座可提供即時服務得數位圖書館，內含數千本各大知識領域的專業書籍和影片，全由世界頂尖的作者所撰寫。

科技專業人員、軟體開發者、網頁設計師和商業與創意專業人員使用 Safari Books Online 當作研究、解決問題、學習和訓練認證的主要資源。

Safari Books Online 為企業、政府、教育機構和個人提供多元的購買計劃與價格。

會員可使用來自 O'Reilly Media、Prentice Hall Professional、Addison-Wesley Professional、Microsoft Press、Sams、Que、Peachpit Press、Focal Press、Cisco Press、John Wiley & Sons、Syngress、Morgan Kaufmann、IBM Redbooks、Packt、 Adobe Press、FT Press、Apress、Manning、New Riders、McGraw-Hill、Jones & Bartlett、Course Technology 以及其他數百個出版商的千筆書籍、訓練影片和出版前手稿，整個資料庫可全文搜尋。請上網瞭解更多 Safari Books Online 的詳情。

如何聯絡我們

如有任何對於本繁體中文版的建議或問題，請與馥林文化聯繫：

100 台北市中正區博愛路 76 號 6F

（02）2381-1180

原文版：

Make:

1160 Battery Street East, Suite 125

San Francisco, CA 94111

877-306- 6253（美國或加拿大聯絡電話）

707-639- 1355（國際或當地聯絡電話）

Make: 集結在自家後院、地下室和車庫等地進行創造活動的「有智之士」，提供這日益壯大的社群交流的平臺、靈感、資訊和娛樂。Make: 主張你有權利依你的意志破解、改造和惡搞任何科技。Make: 讀者們的社群文化相信建構更好的自我、環境、教育系統，乃至更好的世界。Make: 的讀者不只是讀者，而是一個全球性運動的一部分。這個 Make: 所領導的運動，我們稱之為自造者運動（Maker Movement）。

請上網瀏覽更多關於 Make: 的資訊：

Make: 雜誌 *http://makezine.com/magazine/*

Maker Faire *http://makerfaire.com*

Makezine.com *http://makezine.com*

Maker Shed *http://makershed.com/*

我們為本書製作了一個網頁，裡面有勘誤表、範例和所有補充資訊。你可以由這個網址進入：*http://shop.oreilly.com/product/0636920032038.do*。

如有任何關於本書的意見或技術問題，可寄電子郵件至：*bookquestions@oreilly.com*。

第 1 章
littleBits 基礎課程：輸入與輸出

要學習如何使用 littleBits，直接拿起來用用看就是最好的方法。本章會教你最基本的概念，包括如何供電給電子積木、如何連接電子積木，以及一些你可以用在專題裡的輸入與輸出。

電子積木

littleBits 模組庫中有超過 60 種不同的模組（也就是電子積木），每個模組都屬於四種類別的其中之一。每個類別用不同的顏色區分，很容易尋找和辨識：

- 電源（藍色）
- 輸出（綠色）
- 輸入（粉紅色）
- 線路（橘色）

每顆電子積木都可以和模組庫中的其他電子積木一起使用，而且可以無限擴充。你甚至可以創造自己的電子積木！詳情請見第 6 章。

每顆電子積木以 *bitSnap* 連接器互相連接。這個特異功能讓你可以輕鬆用電子積木完成電路、專注於創作，不用煩惱你的焊接技術也不必擔心接錯。

第 11 頁的「電學原理：bitSnap 連接器」有更詳細的說明。

圖 1-1 bitSnap 連接器能輕鬆連接起模組。

本章重點是介紹使用各種模組的前幾個步驟,以及幾種 littleBits 配件。

本章大部分的範例只需用到「入門基礎互動套件」
(Base Kit,http://littlebits.cc/kits/base-kit) 的 模
組,但要體驗最大的樂趣,可考慮「高級版套件」
(Premium Kit,http://littlebits.cc/kits/premium-
kit)或「豪華版套件」(Deluxe Kit,http://littlebits.
cc/kits/deluxe-kit),這兩種套件的電子積木(Bits),
比較多樣而且有配件。有些範例會用到其他的電子積
木。

如果你手邊沒有某種電子積木,通常可以找到替代品。
例如入門基礎互動套件有本章稍後會用到的調光器電
子積木(i6)。豪華升級版套件和豪華版套件有更炫
的滑動式調光器電子積木(i5) ,一樣可以用。

littleBits 只有 2 個規則：

1. 磁鐵永遠是對的。
2. 永遠從藍色和綠色開始下手；粉紅色和橘色選擇性地夾在中間。

電源（藍色）

當然，電路要有電才能動，因此不管你用 littleBits 做什麼樣的作品，一定從藍色電源模組開始。通常你會遇到如圖 1-2 的電源模組。它從電池或電源供應器吃 9 至 12V 的電，轉換成 5V 供 littleBits 電路使用。除內建開關外，還有一顆焊在板上的 LED 電源顯示燈。

 littleBits 模組庫裡的每個模組都適用 5V 電壓。不管你用什麼電源模組，都會提供電路 5V 電壓。

圖 1-2 電源模組 P1 以 9 ～ 12V 直流電供電給你的 littleBits 專題。

littleBits 提供一條連接 9V 電池和電源模組的線（如圖 1-3），但如果你想用插電的方式供電，也可以用同 Arduino Uno 的內徑 2.1mm 桶插孔變壓器（中央正極）。只要確定變壓器輸出是 9 至 12V 直流電。輸出電壓會寫在變壓器上，如圖 1-4。

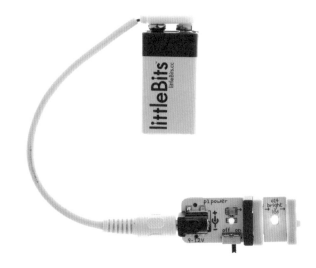

圖 1-3 基本電源模組（p1）是以 9V 電池供電時常用的模組。

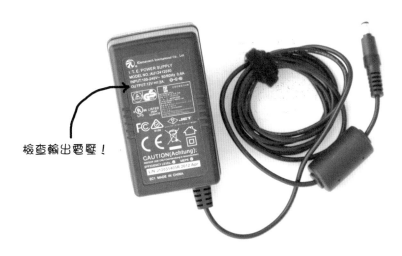

檢查輸出電壓！

圖 1-4 這個變壓器為 12V 直流輸出。

電學原理：穩壓器

*穩壓器（Voltage Regulator）*是電源模組上的核心元件之一。身為電路專題的主要成員，穩壓器的工作是將某個範圍的輸入電壓轉換成特定的*輸出*電壓。littleBits 電源模組的穩壓器可接收 9V 至 12V 輸入，提供 5V 輸出。穩壓器和其他幾個相關元件確保其他電子積木獲得穩定的 5V 電壓。

除了「入門基礎互動套件」中的電源模組，還有其他供電方法。大多數情況下，你可以用任何你喜歡的電源模組。本書稍後會介紹少數例外狀況。

例如，如果你需要比 9V 電池更方便攜帶的供電方式，也可以用硬幣型電池模組（p2），也就是如圖 1-5 的小型可充電電源。它可以供電給大多數的 littleBits，但是太大型的作品會加速耗盡其電力。P1 模組有開關，沒電時只要用 micro USB 線充電到指示燈從黃色變綠色即可。硬幣型的電池體型小，非常適合攜帶式或穿戴式的作品。

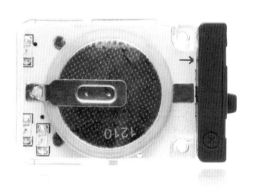

圖 1-5 可充電的硬幣型電池模組（p2）非常適合穿戴式專題。

電學原理：升壓轉換器

硬幣型電池模組使用 3.3V 電池。因為所有 littleBits 都需要 5V 電壓，這顆模組內有一個升壓轉換器（*boost converter*），提高電壓以和其他 littleBit 模組一起使用。

你也可以直接用任何圖 1-6 的 USB 電源模組（p3），透過 USB 供電。若你有閒置的 USB 輸出的充電器，加一條 micro USB 線接到電源模組，就可以供電了。或是接一個 USB 行動電源（在外面沒有插座時用來充智慧型手機的裝置）就可以隨時充電。如果你用電腦的 USB 連接埠供電，請注意這個模組只能透過電腦 USB 連接埠供電，沒有辦法傳輸資料。

並非所有的 USB 電源都是相同的。如果你有疑慮，建議你用 littleBits 的 USB 電源，它大方地提供 2000mA（毫安培）的電流，遠超過電腦 USB 連接埠的 500mA 和多數其他裝置充電器的 1000 mA。

圖 1-6 USB 電源模組（p3）可透過 USB 供電給其他電子積木。

有些電子積木，如第 4 章介紹的雲端電子積木（cloudBit），*只能使用 USB 電源模組*。雲端電子積木（cloudBit）因所需電量較大，必須使用 USB 電源模組隨附的插頭。

如上所述，你有許多供電的選項。只要有這三個電源模組的其中之一，再加上電源，就可以供電給你的 littleBits。

現在來看看如何活用這些模組。

輸出（綠色）

綠色輸出模組決定專題的目標，像是發光、做動作或發出聲音。它們讓你的專題可以被看見、聽見和感受。

例如，LED 模組（o14）透過電源模組獲得電力後會發光。現在就試試看（圖 1-7）：

1. 把 LED 模組和電源模組接在一起。
2. 確保電源模組的開關有打開。

如果 LED 亮起了，恭喜！你完成了第一個 littleBits 電路！很簡單吧？

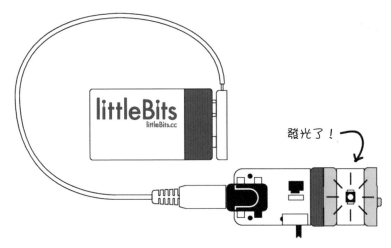

圖 1-7 把 LED 電子積木（o14）和電源模組（p1）接在一起。

　　你可能已經注意到，LED 輸出模組只能以一個方向接到電源模組。有幾個方式可以知道連接是否正確：

- 如果方向正確，bitSnap 連接器之間的磁鐵會相吸。如果兩個模組的磁鐵相斥，表示必須把 LED 模組轉個方向。
- 電子積木上印刷的箭頭會指向電源模組的方向。
- 模組上方有料號和名稱。模組下方有開源硬體標誌和 littleBits 商標（三個圈起來的 X）。
- 兩個 bitSnap 連接器上圈起來的 X 商標會互相對齊。

　　每個輸出模組從電源模組獲得所需電力，同時也連接電源模組和其他模組。連接輸出模組的其他模組也會從電源模組獲得電力。

1. 現在試著在 LED 模組右邊接上其他輸出模組，形成一連串的輸出。

　　其他輸出模組（圖 1-8）包括馬達、蜂鳴器、喇叭和彩色 LED 等等。本章不會介紹所有的輸出模組（因為實在太多了！），但本書稍後會有其他輸出模組出場。

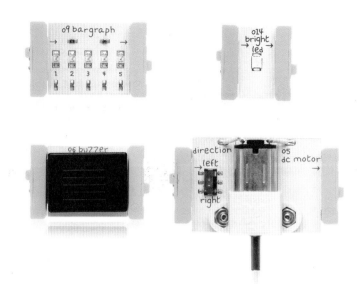

圖 1-8 這是「入門基礎互動套件」裡面有的輸出模組：條狀指示圖（左上）、LED（右上）、蜂鳴器（左下）和直流馬達（右下）。完整的 littleBits 模組庫中還有更多輸出模組！

輸入（粉紅色）

粉紅色模組是專題的輸入模組。它能讓你跟專題互動，或是解析周圍的環境。例如，使用者可以按下一顆按鈕啟動一系列的動作，或是偵測環境中的光線，當環境變暗時做一些動作，像本章最後康斯坦丁‧包曼（Konstantin Bauman）所設計的夜間飛機（請見第 24 頁的「專題：夜間飛機」）。

現在試試你的第一個輸入模組吧（圖 1-9）！

1. 把按鈕模組（i3）接到電源模組。
2. 把 LED 模組（o14）接上按鈕模組。
3. 按下按鈕。

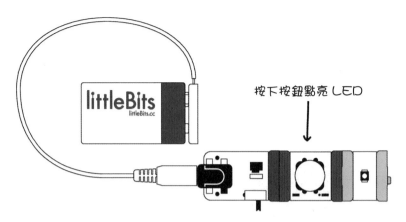

按下按鈕點亮 LED

圖 1-9 把按鈕模組（i3）插在電源和 LED 模組中間。

　　如果沒接錯，現在按下按鈕，LED 就會亮起。如果沒有，檢查一下電源模組是否有接上電池或其他電源、開關是否有打開？

　　當你按下按鈕，電源模組會送出 5V 訊號給 LED 模組。當你放開按鈕，等於切斷了電路，訊號變成 0V、LED 會熄滅。

電學原理：bitSnap 連接器

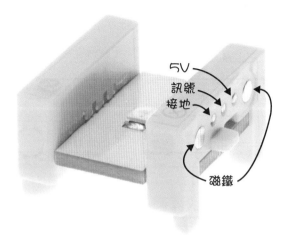

讓我們再進一步瞭解 littleBits 的運作方式。

在 bitSnap 連接器的尾端，你會看到五個金屬墊片。最外面兩個墊片其實是把兩個模組吸在一起的磁鐵。靠裡面三個墊片是電路連接處。最中間的接點傳送電子積木互相溝通的訊號。訊號範圍是 0 至 5V。0V 是關閉（OFF）訊號，5V 是開啟（ON）訊號。

中間左右兩個接點是供電用的線路。靠近 bitSnap 連接器上圈起來的 X 符號的接點是接地，另一個則接到 5V。

訊號接點的電壓會影響輸出模組的行為。例如，進入 LED 電子積木的電壓愈高，LED 就愈亮。輸入電子積木讓你可以改變訊號線的電壓，進而影響後面連接的電子積木。

現在試試這個（見圖 1-10）：

1. 在電源模組後面接上 LED。
2. LED 後面接上按鈕。
3. 按鈕後面再接一個 LED。

你會看到，不論按鈕狀態為何，按鈕前的 LED 模組都會亮。以電源模組為起點，輸入模組會影響它後面接著的模組。

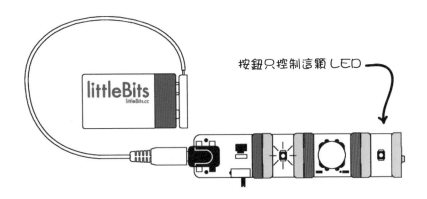

按鈕只控制這顆 LED

圖 1-10 第一顆 LED 恆亮。

按鈕代表一個數位輸出，且只會是開或關兩種狀態，沒有其他可能性。在 littleBits 模組庫中，有些數位的輸入模組，如開關（i2）、動作觸發（i18）、滾輪開關（i19）和脈衝（i16）。

此外也有許多可接收 0 至 5V 電壓的類比輸入模組。如果把按鈕換成調光器（i6），就會看見電壓改變的效果。要從無到有做出這樣的電路，如圖 1-11：

1. 在電源模組後面接上調光器。
2. 在調光器模組後面接上 LED 模組。
3. 試著調整調光器，看看 LED 亮度的改變。

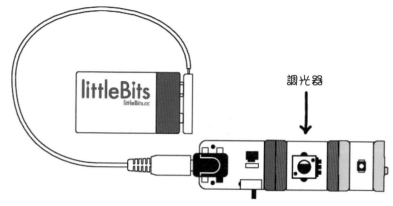

圖 1-11 試試類比輸入——調光器（i6）。

 跟按鈕一樣，類比輸入只會影響接在後面的電子積木（以電源模組為起點）。

圖 1-12 這些是「入門基礎互動套件」中會看到的輸入模組：按鈕（i3）、感光器（i13）和調光器（i6）。完整的 littleBits 模組庫中有 25 種不同的輸入模組！

這樣你應該清楚調光器（類比式）和按鈕（數位式）的差異了。現在可以試試其他輸出模組，看看它們如何回應類比輸入模組。

1. 以之前做過的線路為基礎，在 LED 模組後面接上條狀指示圖模組。

2. 調整調光器，看看條狀指示圖模組有何變化。

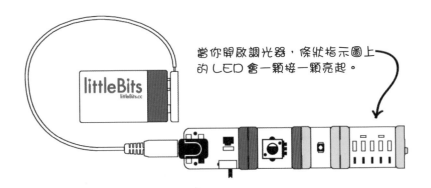

圖 1-13 試用看看條狀指示圖電子積木，它對類比輸入的反應跟 LED 不同。

　　旋轉轉盤，看看條狀指示圖模組的變化。接著試試「入門基礎互動套件」裡的另一個類比輸入模組——感光模組（i13），看有什麼效果。你可能要用隨附的螺絲起子調整感光模組的靈敏度。

　　類比訊號可以是某個範圍內的電壓，而數位訊號只會是 OFF（0V）或 ON（5V）。圖 1-14 的兩張圖顯示數位和類比訊號隨著時間的變化。

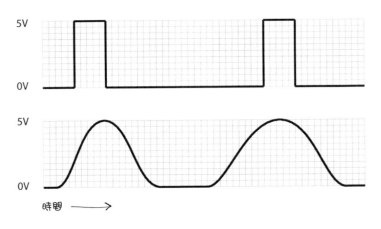

圖 1-14 上圖是數位訊號，不是 ON 就是 OFF；下圖是類比訊號，可以是一個範圍內的值。

線路（橘色）

　　橘色線路模組讓連接電子積木的方式和電子積木之間互動的方式更加靈活多元。這些線路模組能幫你的專題增加數位邏輯（見第 2 章）、上網功能（見第 4 章）和程式設計功能（見第 5 章）等。

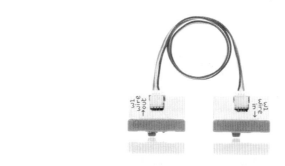

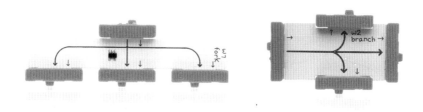

圖 1-15 單線（上）、三叉線（左下）、樹枝狀線（右下）是最基本的線路模組，可以把不同的電子積木連在一起。

　　「入門基礎互動套件」中有兩個線路模組，兩顆都是「單線電子積木」（wire Bit，w1），讓你可以把電子積木的實體分開，不一定要緊靠在一起，如圖 1-16。當你需要指定輸入和輸出的位置時非常好用。例如，當你要把按鈕放在專題上某個特定位置，只要在按鈕前後接上線路電子積木，就可以把按鈕放在任何地方了。

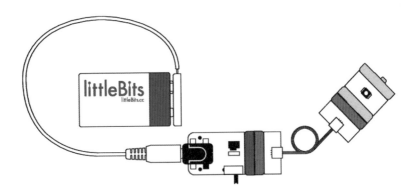

圖 1-16 單線電子積木（wire Bit，w1）可以將電子積木實體分開但是線路相連。

「入門基礎互動套件」以上的套件有兩種簡單好用的線路電子積木：樹枝（branch，w2）和三叉（fork，w7），如圖 1-17 和圖 1-18。兩種用法都一樣：讓一個電子積木的輸出從一個變成最多三個。在電源模組後面接上這些線路電子積木，就可以有三種不同的輸入和輸出方式。

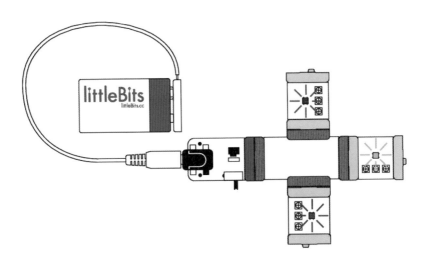

圖 1-17 樹枝線路電子積木（w2）讓一個電子積木最多可接三個輸出。

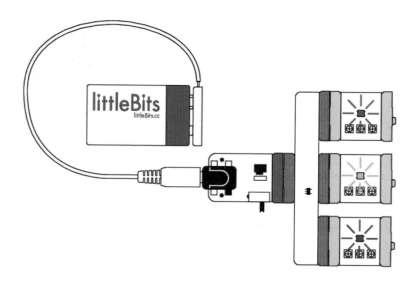

圖 1-18 三叉線路電子積木（w7） 和樹枝線路一樣，只是長相有點不同。

　　如果你要用按鈕控制電扇，又想用調光器控制 LED，就需要用樹枝或三叉線路電子積木，讓每個輸入和輸出配對、各自獨立控制。如果手邊有樹枝或三叉線路電子積木的話，試試圖 1-19 的線路：

1. 在電源模組後面接上樹枝線路模組。
2. 在樹枝的兩個輸出端各接一個按鈕。
3. 在第一個按鈕後面各接一個任意輸出模組，如電扇（o13）。
4. 在第二個按鈕後面接一個調光器。
5. 在調光器後面接一個 LED。

　　在這樣的電路中，按鈕可以啟動電扇但不影響 LED；調光器可以調整 LED 亮度但不影響電扇。沒有樹枝或三叉線路電子積木；是沒有辦法用一個電源模組同時做這兩件事的。

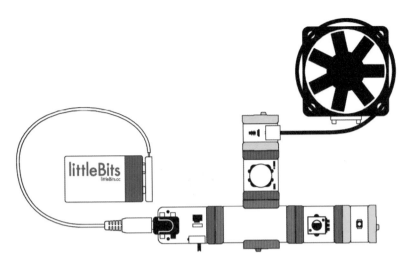

圖 1-19 按鈕控制電扇，調光器控制 LED。

　　單線、三叉和樹枝是最簡單的線路模組。還有更多強大的線路模組在
等著你。後面的章節將會陸續介紹！

故障排除小訣竅

　　磁鐵很神奇，但也很容易吸附髒東西。如果你的線路運作怪
怪的，試著用乾淨軟布擦拭連接器——剛洗好的舊 T 恤是最適合
的了！當電路突然運作不了，試著把套件裡的所有連接器都擦一
擦，通常可以解決問題。

其他配件

littleBits 中還有些其他能幫助你完成專題的配件。

螺絲起子（Screwdriver）

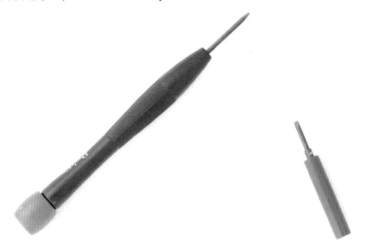

有些電子積木，像感光器，可以用 1.8mm 一字型螺絲起子調整設定。套件中的小型紫色螺絲起子就是用來做這件事的。入門基礎互動套件中就有一個。

馬達好朋友（motorMate）

把「入門基礎互動套件」中的馬達好朋友裝在直流馬達上，就可以輕鬆連接輪子、紙張、紙板和其他材料。也可以接樂高輪軸，做出類似圖1-20的簡單畫圖機器人。

圖 1-20 馬達好朋友讓你可以在直流馬達上接上各種東西，如圖中的樂高輪軸和輪子。

固定板（mounting boards）

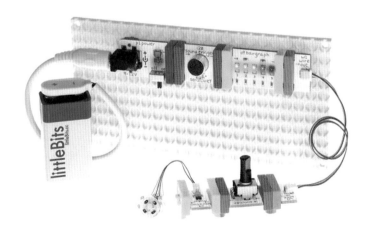

bitSnap 連接器不止能把模組連接在一起，還能把整個專題固定在固定板上。如此可以增加穩定性，並加強模組之間的磁力連結。

交流開關

　　這顆交流開關（AC switch）是紅外線控制的插座，與紅外線發射器（IR transmitter，o18）一起使用。我們會在第 4 章介紹交流開關，以及如何用交流開關自製智慧型家庭裝置。

鞋座（shoes）

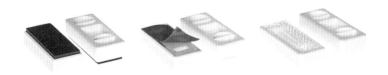

　　鞋座是另一個增加模組間 bitSnap 連接強度的配件。連接兩個模組，下方裝一個鞋座。電子積木裝上鞋座後，就能透過鞋座連接其他材料。。

鞋座有三種：磁性、黏性和魔鬼氈。磁性鞋座可以把專題固定在冰箱或是任何可以吸附磁鐵的表面；黏性鞋座可把專題固定在各種表面，包括塑膠、玻璃、厚紙板、木頭等，但注意無法重複黏貼；最後，魔鬼氈鞋座可以把模組固定在織物、衣物上，適合穿戴式的作品。

　例如，你可以做一個會發光的狗狗項圈，像圖 1-21。只要在條狀指示圖模組後用幾個線路模組接一個聲音觸發器，再用魔鬼氈鞋座加以固定。在項圈上縫一些黏膠片，把魔鬼氈電路黏到項圈上，狗狗吠叫時項圈就會發光。參見專題網頁（*http://littlebits.cc/projects/light-up-dog-collar*）的説明自己做一個吧。

圖 1-21 這個狗項圈用魔鬼氈鞋座固定電子積木。

樂高轉接板（Brick Adapter）

　　樂高轉接板是另一個連接樂高和 littleBits 的絕佳配件。轉接板一面可以接樂高積木，另一面可以接電子積木。如果想要把轉接板頭尾相接，記得轉接板上 littleBits 那一側頭尾兩端的記號要跟下一片轉接板相同。

　　樂高轉接板有公母兩種。公板可以把電子積木接在樂高積木的下方。母板則可以蓋在樂高積木的上方。

圖 1-22 樂高轉接板可連接 littleBits 和樂高積木。

專題：夜間飛機

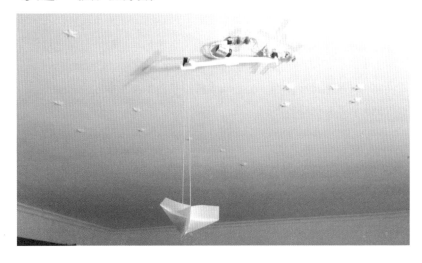

這臺由紐澤西州米爾本鎮人康斯坦丁・包曼（Konstantin Bauman）所設計的夜間飛機（*http://littlebits.cc/projects/night-airplane*）非常適合放在小孩的房間。它能懸掛在天花板上，當入夜天色變暗就會自動啟動。「入門基礎互動套件」中有所有夜間飛機所需的電子積木，再加上少數其他材料就可以了。

會用到的電子積木：

- 電源
- 直流馬達
- 感光器
- LED
- 2 x 線路

其他材料、工具和配件：

- 馬達好朋友
- 螺絲起子
- 紙和厚紙板
- 膠帶和線

自製夜間飛機：

1. 依照圖 1-23 組裝電路。
2. 把感光器的觸發模式設定為黑暗。
3. 依照夜間飛機懸掛環境，用螺絲起子調整靈敏度，使之只有在黑暗中馬達才會運轉。
4. 做一架紙飛機，在機首跟機尾綁一圈線。
5. 將線綁在一小塊厚紙板上，如有需要可用膠帶加強固定。這就是飛機旋轉的半徑，如果沒有這塊厚紙板，飛機只會原地轉圈。
6. 把紙板另一端插入馬達好朋友，確保兩者密合。如需要，用膠帶固定。
7. 把電路用膠帶或黏性鞋座固定在天花板上。當然啦，直流馬達必須以輪軸朝下的方向固定。

黏性鞋座或膠帶都可用來把電子積木固定在天花板上。你也可以將電路裝在固定板上，再把固定板用膠帶黏在天花板。

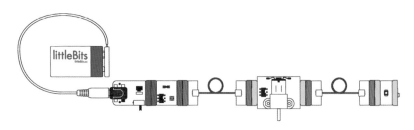

圖 1-23 夜間飛機的電路。

專題：地面照明咖啡桌

地面照明咖啡桌（*http://littlebits.cc/projects/coffee-table-ground-effect-lighting*）會用到「入門基礎互動套件」以外的輸入和輸出電子積木，但是也很簡單。

照明效果對派對來說很重要對吧？麥特想為來訪的客人製造些氣氛，便在咖啡桌下裝了些往下照的 LED，形成很棒的間接照明。他還在咖啡桌上裝了一個滑動式調光器，可以輕鬆調整亮度。

派上用場的電子積木：

- 電源
- 5 x LED（依照桌子長度調整數量）
- 6 x 線路（依照桌子長度調整數量）
- 調光器或滑動式調光器

其他所需材料、工具和配件：

- 紙膠帶或黏性鞋座
- 依照圖 1-24 組裝電路。
- 在桌子上試著擺放電子積木，確保 LED 電子積木和線路電子模組數量足夠。
- 用膠帶或黏性鞋座把電子積木固定在桌子下。

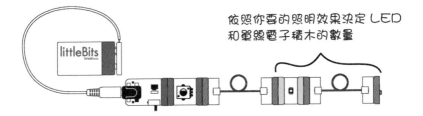

圖 1-24 地面照明咖啡桌的基本電路。線路和 LED 電子積木數量會依桌子長度有所不同。

littleBits 相關資源總整理

專題教學

需要靈感嗎？你可以從 *littlebits.cc/projects* 上數千個專題中尋找，從智慧居家到音樂機器人應有盡有。

教師工具

找教案、個案研究和教育折扣，可到 *littlebits.cc/education*。

故障排除

幫某個模組故障排除，可到「littleBits 論壇」（*http://discuss.littlebits.cc/*）或「祕技與花招」（*Tips & Tricks*，*http://littlebits.cc/tips-tricks*）。

模組庫

記得，littleBits 不斷在成長！到模組庫（*http://littlebits.cc/shop?filter=Bits*）或電子報觀看關於新模組或模組更新的訊息。

littleBits 不只可以幫助初學者進入電子與電路的領域，其模組庫的力量可說是無限大。現在你已經有一點基礎，接下來的章節將會發揮 littleBits 的潛能，並介紹輕鬆做出複雜的高階專題。

第 2 章
控制與邏輯

別小看 littleBits 輕鬆將輸入和輸出串在一起這件事，其中蘊含著可觀的力量。調整一下這股力量、活用幾顆電子積木，就能掌控訊號在專題中的流動。

電子積木好用是因為它們控制了訊號如何在模組之間流動。電子積木看似簡單，但別小看它們的能耐。很快你就會發現自己不管做什麼專題都想用到它們！

現在我們來看一顆與眾不同的電子積木——逆變器（Inverter）。

本章會用到所有「邏輯擴充包」（*Logic Expansion Pack*，*http://littlebits.cc/expansion-packs/logic*）中的電子積木。想試做這些範例，你還需要三叉、樹枝或雙叉線路電子積木、兩顆單線路電子積木，以及依你需求所選的輸入和輸出電子積木各兩顆。本章也會介紹脈衝（pulse）和延時器（timeout）電子積木。這兩個模組你可以單獨選購，或是從「豪華版套件」（*http://littlebits.cc/kits/deluxe-kit*）中獲得。此外還有可以在「智慧家庭套件」（*Smart Home Kit*，*http://littlebits.cc/kits/smart-home-kit*）中找到的臨界值電子積木（threshold Bit）。一般來說輸入和輸出很容易找到替代模組，但是脈衝和延時輸入模組的性能很特別，沒辦法取代。

如果你有邏輯擴充包和豪華版套件，本章幾乎所有範例都可以做出來（只差動作感應器和滾輪式開關電子積木）。

逆變器（Inverter）

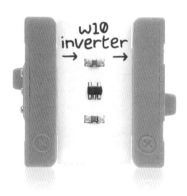

逆變器（w10）是最簡單的線路模組之一，但是非常實用。當你要把輸出訊號變成相反，也就是收到 ON 訊號時輸出 OFF 訊號，或是收到 OFF 訊號時輸出 ON 訊號，就會用到。這就是逆變器的作用，輸出與輸入呈相反的訊號。很簡單吧？

用最簡單的方式試用一下逆變器：

1. 在電源模組後接上按鈕。
2. 在按鈕後接上逆變器。
3. 在逆變器後接上 LED，如圖 2-1。現在當按鈕沒被按下時，LED 是亮的，當你按下按鈕，LED 會熄滅。

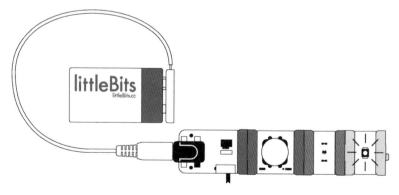

圖 2-1 在逆變器前後分別接上按鈕和 LED。

數位和類比

　　試著把逆變器放在類比輸入和輸出之間，如調光器和條狀指示圖模組之間。調光器可以是入門基礎互動套件中的一般型（i6）或是豪華升級版套件中的滑動型電子積木（i5）

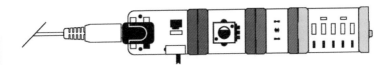

　　當你調整光線時，條狀指示圖只會全亮或全暗。這是因為逆變器只能以數位方式運作，以電壓高或低於臨界值決定開關，此臨界值約為 2.5V。

　　如果裝一顆 o21 計數電子積木（設定電壓模式）在電源電子積木和逆變器電子積木之間，只要看計數電子積木輸出數值，就能知道臨界值電壓為多少。

　　當逆變器感測到輸入電壓低於臨界值，就會輸出 ON 的訊號；相反的，若偵測到輸入電壓高於臨界值，就輸出 OFF 的訊號。

脈衝（Pulse）

　　脈衝電子積木（i16）會不停重複 ON 和 OFF 的訊號。你可以用螺絲起

子調整開關速度。如果想讓某樣東西閃爍，脈衝電子積木就可派上用場。

脈衝電子積木最慢可以約一秒開關一次，全速運作看起來有近似閃光的效果，因此可用在如圖 2-2 的西洋鏡。當圖 2-3 的 3D 列印人物旋轉起來，加上正確的光線脈衝速度，看起來就像動畫！到專題網頁（*http://littlebits.cc/projects/zoetrope*）去看看它動起來的樣子，以及如何自己動手做。

圖 2-2 西洋鏡專題的外觀。

圖 2-3 西洋鏡內部有個 3D 列印的人物，是動畫的主角。

專題：閃爍 LED 看板

　　試著用脈衝電子積木搭配逆變器電子積木製作一個會閃的 LED 看板吧，就像國外餐廳櫥窗上掛著的那種招牌。通常這些招牌交替顯示兩個字，如「EAT」（吃）和「HERE」（這裡）或是「OPEN」（營業中）和「NOW」（現在）。你的可以是「HAPPY」（快樂）和「BIRTHDAY」（生日）或「WELCOME」（歡迎）和「HOME」（回家）。

以下是會用到的積木：

- 1 x 電源
- 2 x LED（條狀指示圖或燈線（light wire）電子積木）
- 1 x 逆變器
- 1 x 脈衝
- 1 x 線路

其他所需材料：

- 小紙盒
- 紙
- 膠帶
- 噴墨或雷射印表機
    - 依照圖 2-4 連接積木，放進盒子中（圖 2-5）。可能會需要一個線路積木，看你要把 LED 放在哪裡。
    - 用螺絲起子把脈衝積木設定為最慢速。
    - 在電腦上用你喜歡的繪圖軟體畫出要顯示的字，列印出來。可能需要多試幾次才能讓文字與 LED 電子積木對齊。如果想要，也可以多用幾個線路電子積木增加 LED 之間間隔。
    - 在盒子上挖洞，使字後面有洞可透光。
    - 調整 LED 電子積木位置，使之在字後面。

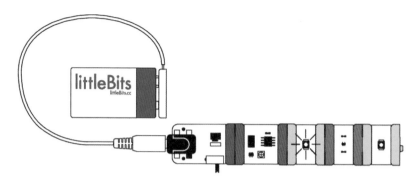

圖 2-4 來自脈衝模組的 ON 訊號會點亮第一顆 LED，逆變器會關閉第二顆 LED。
當脈衝電子積木關閉第一顆 LED，第二顆就會亮。

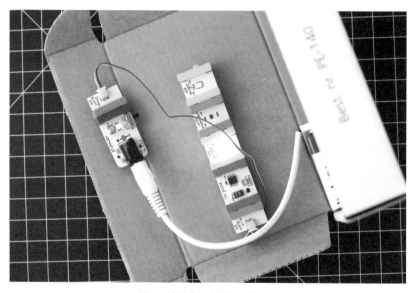

圖 2-5 連接盒子內的電子積木。

當脈衝為 ON，第一顆 LED 就會亮，而在逆變器後面的第二顆 LED 則會熄滅，反之同理。如此你就有兩顆狀態相反的閃爍 LED，就跟餐廳的霓虹燈招牌一樣！

圖 2-6 將印有字的紙貼在挖了洞的盒子外面，字、洞和 LED 要對齊。

從這個專題可以看出，就算電子積木發出關閉的訊號，仍然有電壓在電路上跑。看第 11 頁的「電學原理：bitSnap 連接器」，會看到電路有三種接點：接地、電壓和訊號。輸入電子積木和本章介紹的電子積木都在訊號接點上有所作用，但跟所有其他電子積木一樣，都會經過接地及電壓和相連的電子積木溝通。

如果你可以讓兩顆 LED 交替閃爍，一定也可以讓其他輸出模組做一樣的事情。如果你有兩條燈線電子積木，還可以做一個餐廳霓虹燈式的看板喔！

鎖存器（Latch）

　　鎖存器模組（w8）作用和電燈開關一樣，可以保持 ON 或 OFF 的狀態。當你送一個瞬間的 ON 訊號給鎖存器（像是按下按鈕），它會輸出持續開啟的狀態；再送一次瞬間的 OFF 訊號，鎖存器的輸出會變回關閉。簡言之，它將瞬間輸入視為輸入的切換。

　　用最簡單的方式試試鎖存器：

　　1. 在電源後面接一顆按鈕。

　　2. 按鈕後面接鎖存器。

　　3. 鎖存器後接一顆 LED。

　　現在線路看起來像圖 2-7。按下按鈕，LED 應該會亮起並且恆亮。 再按一次 LED 應該會熄滅而且保持熄滅狀態。

和逆變器一樣，鎖存器只能當數位電子積木用。任何小於 2.5V 的電壓輸入會被視為關閉，2.5V 至 5V 電壓輸入會被視為開啟。鎖存器適合用來將類比輸入轉為開關。例如，感壓器（pressure sensor，i11）或彎曲感測器（bend sensor，i14）模組和鎖存器搭配使用時，可以變成開關。

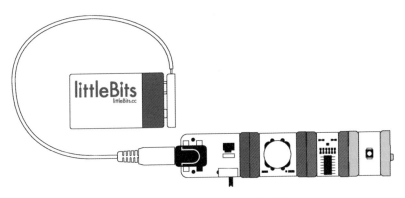

圖 2-7 在鎖存器前面接一顆按鈕，後面接一顆 LED。

科技宅專區：鎖存器

你電腦的記憶體，也就是 RAM，其實就是數十億個電子鎖存器所組成。littleBits 的鎖存器就跟電腦記憶體一樣，只要有電就能儲存資訊。 一個鎖存器電子積木等於一位元，可以呈現 ON 或 OFF 的狀態（也就是二進位的 0 或 1）。你需要 8 個鎖存器來儲存一個位元組。一個位元組中，8 個位元的各種開關組合，可以儲存 0 到 255 之間的所有數字。在 littleBits 網站上，你可以學到如何用鎖存器自製記憶體（*http://littlebits.cc/fridays-tips-tricks-latch*）！

延時器（Timeout）

　　如果你想把瞬間 ON 的訊號延長，就要用延時器電子積木。假如你想做一個以動作啟動的入侵者警報器，當延時器電子積木從動作感測器收到 ON 訊號，就會開啟蜂鳴器並維持數分鐘的時間，然後關閉。你可以用隨附的螺絲起子調整維持時間的長短，最短可短於 1 秒，最長約 5 分鐘，足以威嚇入侵者！

　　延時器電子積木也可切換模式。在「on-off」（開－關）模式，延時器在收到 ON 訊號後會持續開啟一段時間。在「off-on」（關－開）模式則是在收到 ON 訊號後關閉並持續一段時間，否則會一直保持開啟。

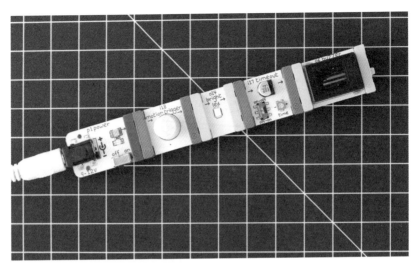

圖 2-8 這個簡單的入侵警報器能偵測動作並啟動蜂鳴器，就算動作立刻停止也一樣。

試著用延時器電子積木自製簡單的入侵警報器吧：

這個專題需要「動作觸發電子積木」（motion trigger Bit），不過豪華版套件內沒有。如果你沒有動作觸發電子積木，也可用「聲音觸發電子積木」（sound trigger Bit，i20，豪華版套件內有）取代。不過如果這樣替換，記得也把蜂鳴器換成 LED，否則警報器會不斷自行觸發、叫個不停！此外，只能抓到比較吵的小偷。

1. 將電源電子積木接上動作觸發電子積木（i18）。接著在動作感測器後面直接接上蜂鳴器（o6），以觀察動作觸發的行為。當動作觸發模組偵測到周遭動靜，會送出 ON 訊號，直到動作停止後數秒。

2. 在動作觸發電子積木和蜂鳴器中間加一顆延時器電子積木。確認延時器電子積木處於開－關模式。

3. 用螺絲起子調整延時器的時間設定，讓蜂鳴器持續叫到靜止後數秒。

4. 為了看清楚電路的行為，試著在動作觸發電子積木和延時器中間加一顆 LED 電子積木。如此一來，就能看出動作觸發模組已經沒有偵測到動作時，延時器仍然持續送 ON 訊號給蜂鳴器。

電路看起來如圖 2-9。

圖 2-9 這個電路中的蜂鳴器會在動作首次被偵測到後開始叫，持續一分鐘。
當動作觸發發送 ON 訊號給延時電子積木時，LED 便會亮起。

專題：午夜點心燈

http://littlebits.cc/projects/midnight-snack-light

半夜爬起來吃點心時，冰箱裡有燈光真是方便，但冰箱門關上後，房裡又是一片黑暗。午夜點心燈不只能在你開冰箱門時照亮一旁的流理臺，關起冰箱後還能繼續亮個幾分鐘，讓你能看清楚自己的食物。

以下是所需的電子積木、配件和材料：

- 1 顆以上 LED 電子積木（三顆 LED 電子積木以上效果最佳）
- 1 x 滾輪開關電子積木（高級版套件中有，但是豪華版套件沒有）。如果沒有滾輪開關的話，也可用一般的按鈕電子積木自由發揮。
- 1 x 延時器電子積木
- 線路電子積木數個（數量依你對的專題規劃而定）
- 電源電子積木。我們建議用 USB 電源，搭配 USB 電源供應器和 micro USB 線
- littleBits 固定板（非必要，但建議使用）

- 3M 無痕膠條（非必要，但建議使用）
- 一片觸發滾輪開關的塑膠材料（餘料再利用，用 ShapeLock 可塑形塑料自製，或是 3D 列印！）。
- 螺絲起子

製作步驟：

1. 如圖 2-10 所示連接線路。在需要的地方加裝線路模組。將滾輪開關設定成「開啟」模式。
2. 用背後有 3M 無痕膠條的固定板，將滾輪開關黏在冰箱旁。
3. 將一片塑膠片黏在冰箱門側邊，使冰箱門關上時，塑膠片能推動滾輪開關。如果你有 3D 印表機，可用這裡的設計（*http://www.thingiverse.com/thing:482092*）自行列印（見圖 2-11）。
4. 用螺絲起子調整延時器的延時長度。

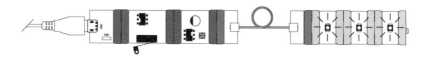

圖 2-10 午夜點心燈的基本電路。

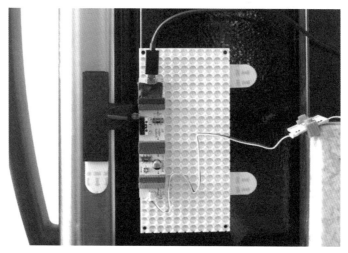

圖 2-11 用 3M 無痕膠條將固定板和啟動塑膠片黏在冰箱上。

臨界值（Threshold）

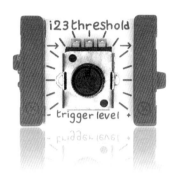

　　臨界值電子積木（i23）將輸入的訊號和其旋鈕設定的電壓做比對。如果輸入電壓比設定電壓高，則輸出最大值電壓（5V）。它可以將任何感測器模組變成觸發模組。你可以把臨界值電子積木、溫度感測器（i12）和計數電子積木（o21）結合成控溫器，只要室內溫度太高，就會啟動冷氣！

　　照以下步驟試玩臨界值模組：

1. 在電源模組後面接彎曲感測器（bend sensor）。
2. 彎曲感測器後面接臨界值電子積木。
3. 臨界值電子積木後面接 LED。
4. 旋轉臨界值電子積木的旋鈕設定電壓。
5. 當彎曲感測器達到臨界值，LED 就會亮！

邏輯電子積木（Logic Bits）

littleBits 邏輯模組能為你的電路建立邏輯，以形成更複雜的電路。在電子學上，這些元件叫做邏輯閘（logic gates）。例如，前面的延時器入侵警報器就可以用邏輯電子積木（以及加上聲音觸發電子積木）來設計，如當偵測到動作或是噪音，蜂鳴器都會開啟。

其實本章稍早就用過一個邏輯模組——逆變器，邏輯是將收到的輸入轉為相反輸出。

本書的範例到目前為止都是*串聯電路*，也就是單一路徑，頂多分出多個不同輸出。如果想讓很多個輸入影響一個輸出，該怎麼辦呢？這就是邏輯電子積木派上用場之處。

跟本章其他的電子積木一樣，邏輯電子積木只能以數位方式運作，也就是只有開跟關。

在我們介紹各個邏輯電子積木之前，先參考圖 2-12 連接電路。

在進入後面各章的邏輯模組實作前，你可以先用以下電路練習邏輯電子積木的用法：

- 電源
- 三叉、樹枝或雙叉
- 2 x 輸入電子積木，如滑動開關或按鈕
- 3 x 輸出電子積木，如 RGB LED、LED 或條狀指示圖
- 2 x 線路

你的電路不需和圖 2-12 完全一樣。你可以把撥動開關換成按鈕，或是改用其他輸出。大原則是控制兩種不同輸入，把它們都接到邏輯電子積木，並在邏輯電子積木後接一個輸出。

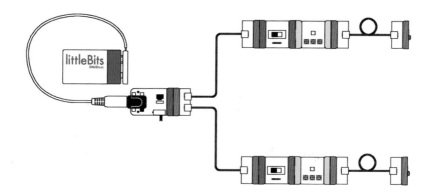

圖 2-12 要試用邏輯電子積木，用一個三叉、樹枝或雙插線路接兩個輸入電子積木。

雙及閘（Double AND）

　　當兩個輸入訊號都開啟時，雙及電子積木（w4，Double AND）才會輸出 ON 訊號。

將它依圖 2-13 的方式接到線路後，再接一顆輸出電子積木（如條狀指示圖）到雙及電子積木的輸出端。試著調整兩個開關，你會發現只有在兩個開關都開啟時，條狀指示圖才會顯示。

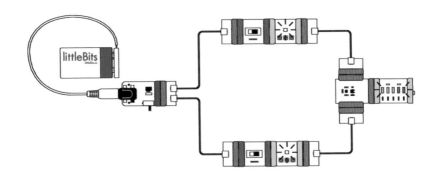

圖 2-13 只有兩個開關都打開時，條狀指示圖模組才會顯示。

　　以下是雙及電子積木的真值表（各種輸入狀態對應的輸出）：

輸入 1	輸入 2	雙及輸出
OFF	OFF	OFF
ON	ON	**ON**
OFF	ON	OFF
ON	OFF	OFF

　　ittleBits 團隊的晨光鬧鐘（*http://littlebits.cc/projects/morning-sunshine*）就有用到雙及電子積木，見圖 2-14。晨光只有在太陽光亮到一個程度，而你還在床上的時候會叫。兩個輸出分別是感光器和滾輪開關。感光器用來感測陽光，滾輪開關則會在你的頭在枕頭上時輸出 ON 訊號。

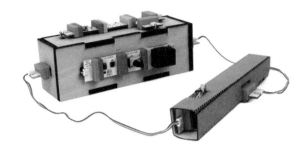

圖 2-14 晨光鬧鐘。

雙或閘（Double OR）

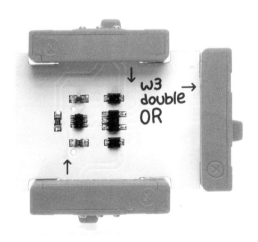

現在把雙及換成雙或電子積木（w3，Double OR），如圖 2-15。

只要有一個輸入是 ON，雙或電子積木就會輸出 ON。此外特別注意，兩個輸入都是 ON 時，雙或電子積木也會輸出 ON。

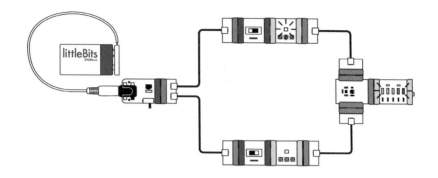

圖 2-15 任一個輸入為 ON，則雙或電子積木輸出 ON。
當兩個輸入接為 ON，也會輸出 ON。

以下是雙或電子積木的真值表：

輸入 1	輸入 2	雙或輸出
OFF	OFF	OFF
ON	ON	**ON**
OFF	ON	**ON**
ON	OFF	**ON**

　　當你有兩種可能的方式與作品互動時，雙或閘就相當好用。例如，玩拉霸機時，玩家可以選擇用按鈕或是壓桿讓滾軸旋轉。

　　littleBits 團 隊 的 情 人 節 單 桿 拉 霸 機（*http://littlebits.cc/projects/littlebits-lucky-slot-machine*）就是這麼做的。

反及閘（NAND）

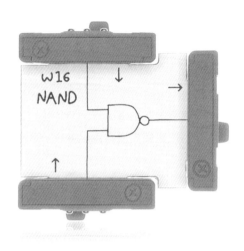

現在把雙或換成反及電子積木（w16，NAND），如圖 2-16。反及的英文「NAND」是「NOT AND」的縮寫。它的行為跟雙及電子積木完全相反。當兩個輸入都是 ON，則輸出 OFF。其他所有情況都輸出 ON。

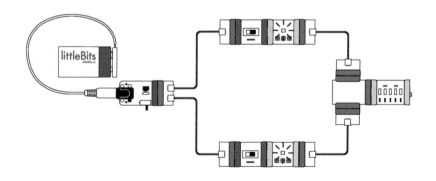

圖 2-16 反及電子積木只有在收到兩個 ON 訊號時會輸出 OFF 訊號。

以下是反及電子積木真值表：

輸入 1	輸入 2	反及輸出
OFF	OFF	**ON**
ON	ON	OFF
OFF	ON	**ON**
ON	OFF	**ON**

你可以用兩個反及電子積木做出兩人玩的搶答機。概念是只要有一個人按下按鈕，另一個人的按鈕就失去作用。如此一來就沒有誰先誰後的爭議。圖 2-17 是搶答機的電路。

在其中一人按下按鈕前，兩個反及閘都在送訊號給逆變器，讓 LED 保持為暗（因為訊號變相反了）。同時，各個反及閘也在送訊號給另一個反及閘（因為樹枝線路電子積木把訊號送到兩端）。一有人按下按鈕，兩個反及閘只會收到一個（來自另一個反及閘的）輸入。

第一個按的人按下按鈕，使反及閘收到來自按鈕和另一個反及閘的訊號。這使它停止送出訊號，經過逆變器的相反變化後，使 LED 亮起。

這時如果另一個人也按下按鈕呢？此時另一個反及閘沒有送訊號出來，在第一個人把按鈕鬆開前，都不會有訊號送出。因此，不管另一個人是否有按下按鈕，反及閘都會持續送訊號給逆變器，經過逆變器，使 LED 保持熄滅狀態。

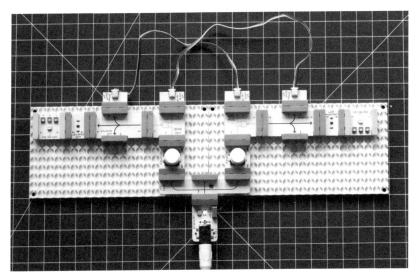

圖 2-17 用兩顆反及電子積木可以做出搶答機。

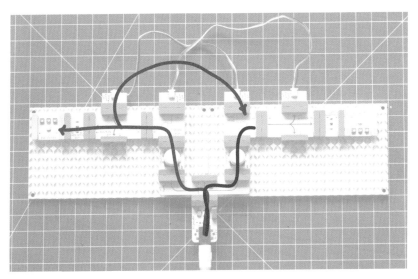

圖 2-18 左邊玩家按下按鈕使 LED 亮起時，同時也讓右邊的 LED 無法變亮。

反或閘（NOR）

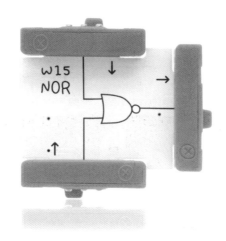

你可能猜到了，反或電子積木（w15，NOR）和雙或電子積木行為完全相反。也就是說，當兩個輸入都是關，反或電子積木才會輸出 ON 訊號。任何其他情況都是輸出 OFF 訊號。試試看，參考圖 2-19 連接電路。

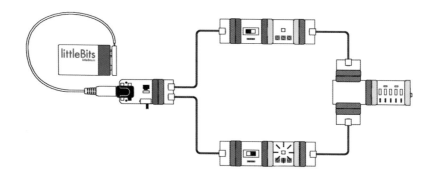

圖 2-19 當兩個輸入都是關，反或電子積木會輸出開。

以下是反或電子積木的真值表：

輸入 1	輸入 2	反或輸出
OFF	OFF	**ON**
ON	ON	OFF
OFF	ON	OFF
ON	OFF	OFF

　　反或電子積木在防止機器人撞牆時相當好用。裝兩個彎曲感測器模組在機器人正面，使之像天線一樣朝外指。碰到牆壁時，彎曲感測器被折彎，這時馬達就會停止，使機器人不再往前移動。只有在彎曲感測器恢復原狀時才會繼續前進。

互斥或閘（XOR）

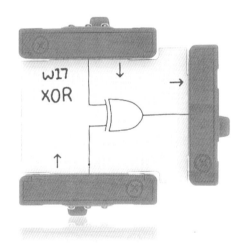

　　本章最後一顆邏輯電子積木是互斥或閘電子積木（w17，XOR），它的意思是「只有或」（eXclusive OR）。當有任一輸入為 ON，則輸出 ON。但若兩個輸入都 ON，則輸出 OFF。也就是說，只有在兩個輸入訊號不同時才會輸出 ON。試試看，參考圖 2-20。

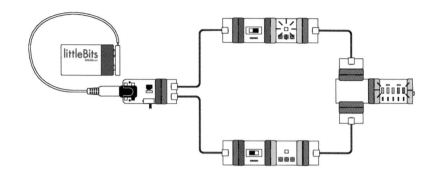

圖 2-20 兩個輸入必須不同，互斥或閘才會輸出 ON 的訊號。這就是「互斥或閘」。

以下是互斥或閘電子積木的真值表：

輸入 1	輸入 2	互斥或閘輸出
OFF	OFF	OFF
ON	ON	OFF
OFF	ON	**ON**
ON	OFF	**ON**

　　當互斥或閘加上撥動開關（如圖 2-21），其實就是一個可以打開跟關閉的逆變器。當開關為 OFF，按鈕沒有按下，互斥或閘輸出 OFF。當你按下按鈕，互斥或閘輸出變成 ON，LED 會亮起。打開開關則會有完全相反的行為；除非按下按鈕，否則 LED 會保持亮起。

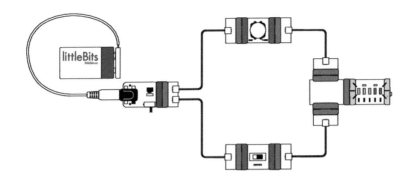

圖 2-21 用互斥或閘電子積木做出一個可以開關的逆變器。

　此外，如果你有 littleBits 合成器套件（Synth Kit），可以用互斥或閘在兩顆振盪器之間調變，會產生令人毛骨悚然、帶點顫抖的聲音。學完第 3 章合成器套件後，可看看環形調變（*Ring Modulation*，*http://littlebits.cc/projects/ring-modulation*）的線上教學。

進階應用

　想學更多邏輯電子積木的應用，可到 littleBits 網站看線上課程（*http://littlebits.cc/browse-lessons/introduction-to-logic*）。

第 3 章
音樂和運動

　有了 littleBits，你可以製作音樂以及讓東西動起來。本章以合成器套件開場。合成器套件讓你可以打造自己的類比合成器。接著本章會介紹模組庫裡的馬達，讓你的作品具備運動能力。

合成器套件（Synth Kit）

　你可能對「Korg」這間公司相當熟悉。它是一間製作電子樂器的公司，創立於 1963 年。2013 年，Korg 和 littleBits 合作開發合成器套件。這組套件讓你能自製電子樂器。就算沒有學過音樂，也能輕鬆用合成器套件

創造出獨特的聲音和音樂，跟他人分享或是和其他作品結合。

　　音樂相關專題一定會用到至少兩個合成器電子積木：一個用來產生聲音，另一個用來輸出聲音。振盪器和隨機電子積木是用來產生聲音訊號的電子積木；喇叭電子積木輸出訊號，讓你能聽見。合成器套件裡還有很多其他電子積木，能讓你以獨特的方式修改聲音，搭配其他套件的電子積木，能幫助你製作出你的獨家樂器。

振盪器（Oscillator）

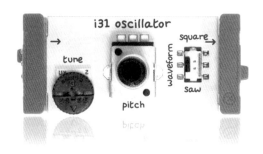

　　振盪器（i31）是 littleBits 樂器的聲音訊號來源，可以調整音調、音高和波形。為了讓你瞭解這些特性的意義，我們先來介紹聲音的基礎知識。

　　聲音是空氣或其他介質（如水）的震動。當你說話、唱歌或拍手，就在創造聲波，輻射到環境中。每個聲音都有自己獨特的波形。

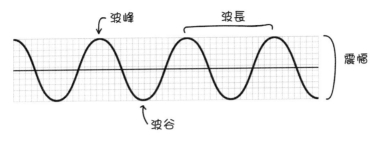

圖 3-1 部分的聲波。

音高和聲波的頻率有關：也就是多快能完成一個週期（一個週期包含一個完整的波峰和波谷）。大提琴的音高較低，長笛的音高較高。

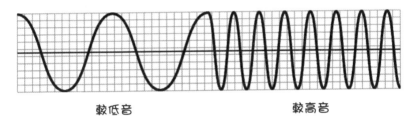

較低音　　　　　　　較高音

圖 3-2 音高和聲波的頻率有關。

 頻率和音高很接近，但不全然是同一件事。頻率可以被科學測量，音高則依個人感受有所不同。

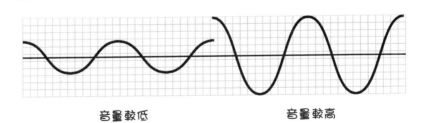

音量較低　　　　　　　音量較高

圖 3-3 這兩個波有著不同的振幅／音量。

振幅跟波峰的改變有關，反映在音量上。振幅愈高，聲音愈大（見圖3-3）。

試著用振盪器產生幾個不同的音高：

1. 在電源模組後面接上振盪器。
2. 振盪器後面接一顆喇叭（o22）如圖 3-4。
3. 旋轉振盪器上的音高旋鈕（pitch dial）。

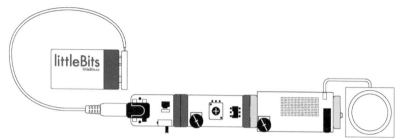

圖 3-4 旋轉振盪器上的音高旋鈕，你會聽到振盪器所能發出的音高範圍。

喇叭電子積木的使用方式你一定懂：它有個音量控制器和耳機孔。插上耳機，板端的喇叭就會被關閉，讓你獨享音樂不吵鄰居。

你會清楚聽到低音和高音的差異。振盪器的音高設定可以低到變成一連串的喀喀聲。當聲音聽起來沒有音調了，就稱為*無調音*（*unpitched*）。

現在試著把波形在方形和鋸齒形之間轉換。聽出差異了嗎？方形波形聲音宏亮有力，鋸齒形聽起來醇厚圓潤。圖 3-5 是這兩種波形的長相。

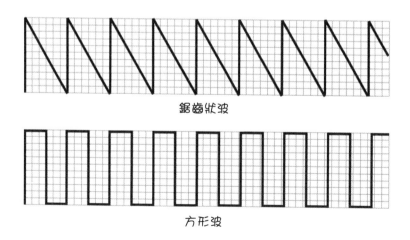

鋸齒狀波

方形波

圖 3-5 振盪器電子積木可以產生鋸齒狀（上）和方形聲波（下）。

如果你想產生類似外星生物發出的怪聲音，把兩個振盪器接在一起，調整兩個振盪器的音高。記得務必聽聽這樣產生的低頻聲音！效果很棒。像這樣用兩顆振盪器的方式叫做頻變合成（*frequency modulation synthesis*）。

隨機（Random）

合成器套件中另一個產生聲音訊號的電子積木是隨機模組（i34）。模組上的開關可以在兩種模式間切換：在「noise」（噪音）模式下模組會產生白噪音（white noise），類似數位無線電或電視沒有收訊時的聲音；「random voltage」（隨機電壓）模式下，模組會輸出隨機電壓訊號，可以控制振盪器，使之發出隨機的音高。

參考以下幾個步驟試試隨機模組：

1. 在電源模組和喇叭之間裝上隨機模組，聽聽看白噪音。聽起來可能不是很悅耳，但稍後加上其他模組，你會發現白噪音有它的用處。
2. 切換至隨機電壓模式，並在電源跟隨機電子積木間插入一顆按鈕。

3. 在隨機電子積木和喇叭之間插入振盪器，如圖 3-6 所示。

4. 每次你按下按鈕，都會聽到不同的音高。

5. 試著把按鈕換成脈衝電子積木或微音序器（micro sequencer）。當你把振盪器的音高和脈衝速度調整得剛好，聽起來就像老舊機器人或電腦運算時發出的聲音！

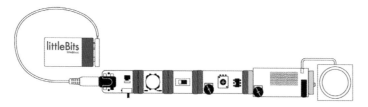

圖 3-6 隨機電子積木在隨機電壓模式時，每次按下按鈕，振盪器都會發出不同的音高。

鍵盤（Keyboard）

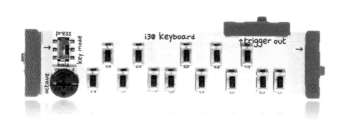

現在試著在電源和振盪器間插入鍵盤電子積木（i30），如圖 3-7。你可能已經觀察到，鍵盤電子積木上按鈕的位置跟鋼琴一模一樣。每個按鍵會產生一特定的電壓，對應一個特定的音符，讓你能演奏出旋律。鍵

盤可以發出 52 個不同的音高，但是只有 13 個按鈕。用「octave」（八度）轉盤調整 13 個按鈕的八度高低，鍵盤上共有四個八度。

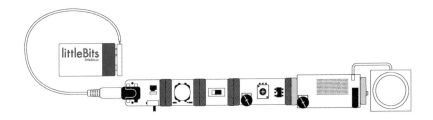

圖 3-7 鍵盤上每個按鈕會送出不同的電壓給振盪器，再由振盪器轉換成不同的音高。因此你能用鍵盤彈出旋律。

你可以用「key mode」（鍵盤模式）切換鍵設定鍵盤的行為。在「press」（按壓）模式下，按一次按鈕會發出一個短暫的聲音。在「hold」（持續）模式下，發出的聲音會持續到下一個按鈕被按下。

調音

調音是指調整一個樂器所發出的音高間的關係。跟其他樂器一樣，合成器也需要調音，才能演奏出可辨識的旋律。如果你要用鍵盤演奏的話，調音就很重要了。要幫 littleBits 合成器專題調音，只需要旋轉振盪器上的調音旋鈕。以下是詳細步驟：

1. 按住鍵盤上的一個鍵，調整八度轉盤，讓音高落在中間範圍。
2. 從左到右依序按下面一排的鍵盤。這在音樂上叫做大調音階。你也許可以聽出來，它們是 do-re-mi-fa-so-la-ti-do。
3. 旋轉振盪器上的音高旋鈕調整頻率。
4. 再彈一次 do-re-mi。如果聽起來不太對勁，試著慢慢把調音轉盤逆時針旋轉，直到音聽起來「準」了。

演奏一段旋律

試著彈一段旋律。圖 3-8 教你如何彈出《When the Saints Go Marching In》這首歌。

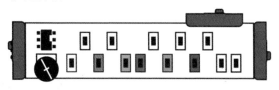

圖 3-8 如何彈出《When the Saints Go Marching In》。

鍵盤模組產生不同電壓，就能讓振盪器產生不同的音高。同理，任何類比輸入電子積木都可以用來產生某個範圍的音高。試著在電源模組跟振盪器之間加入調光器、感壓器或感光器，看看它們如何控制聲音！

微音序器（Micro Sequencer）

微音序器模組（i36）能產生可重複的旋律，幫助你製作音樂。它根據四顆音階旋鈕的位置，送出一組電壓序列。在「speed」（速度）模式下，你可以用「speed」（速度）轉盤控制序列的速度。在「step」（音階）模式下，你可以用接在前面的其他模組，像是按鈕或脈衝模組，控制序列。現在試試看：

1. 把微音序器切換到速度模式，依照圖 3-9 的方式連接。
2. 轉一轉每顆旋鈕，設定成你要的旋律。
3. 試著把其中幾顆旋鈕逆時針轉到底，使之靜音。
4. 移除振盪器，改放一顆隨機模組在音序器後，調整成噪音模式，如圖 3-10。調整速度和音階旋鈕，產生一段鼓聲節奏。

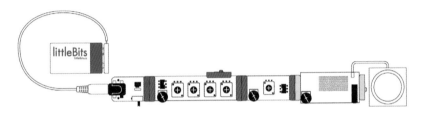

圖 3-9 微音序器可以送出一組電壓，讓振盪器可以重複產生這段旋律。

你可能已經注意到，微音序器有第三個 bitSnap 連接器，上面寫著「trigger out」（觸發輸出）。試著在此接一顆 LED，觀察它的行為。你會看到，這個連接器隨著音序器的每一個音輸出訊號。你可以接上燈線，讓它跟著節奏閃爍。或是接上另一個隨機模組，調成隨機電壓模式，再接上一顆振盪器，如圖 3-10。如此一來，電路會隨著節奏發出隨機音符。

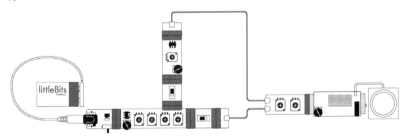

圖 3-10 這樣連接模組，會產生一段鼓聲節奏，和一段隨機音符組成的旋律。

音序器（Sequencer）

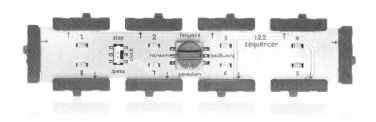

　　音序器可以接最多八個輸出（以數字 1 到 8 標示），並使它們按照某種序活動。在「step」（音階）模式下，每當模組收到一次訊號，如前端的按鈕被按下，音序就會前進。在「speed」（速度）模式下，音序前進的速度會依照輸入訊號而有所不同。試試用調光器控制速度。音序器還有一個四段開關，讓你選擇音序前進方向。

混音器（Mix）

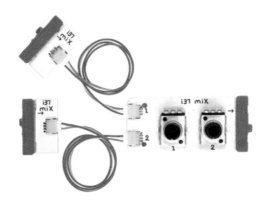

　　圖 3-10 是接在電路上的混音器電子積木（i37）。它能夠接收兩個聲音訊號，結合成一個。你可以用混音器把樂器切出多個訊號路徑，控制各個聲音的振幅（音量）後合併在一起。電子積木上的每個旋鈕控制一個輸入聲波訊號的振幅。

　　混音器電子積木也可以用在非合成器的專題，將兩個輸入電壓合併成一個。

 　如果你想幫各個聲音訊號加上效果後再用混音器模組合併，可用雙叉、三叉和樹枝線路電子積木將單一訊號分出多個訊號。

　　現在讓我們來看幾個修改聲音訊號的方法。

波封（Envelope）

　　波封電子積木（i33） 以兩種方式影響訊號振幅：*起音和衰減*。
「Attack」（起音）指的是達到最大音量所花的時間。「Decay」（衰減）
指的是再次達到無聲所花的時間。兩者都可以用上面的旋鈕調整。用鍵
盤的持續模式和振盪器試試它的效果，電路如圖 3-11。

圖 3-11 在波封電子積木前接一個鍵盤電子積木（持續模式）和振盪器，試試它的效果。

　　短起音加長衰減聽起來像按下一個鋼琴鍵盤不放。長起音加短衰減聽
起來像拉小提琴。把鍵盤換成微音序器，調整音符長度。

　　如果有穩定的聲音訊號進入波封電子積木（例如噪音模式的隨機電子
積木），只要送一個脈衝到波封的第三個 bitSnap（上面寫著「trigger
in」的那一個），就可以觸發起音和衰減。

濾波器（Filter）

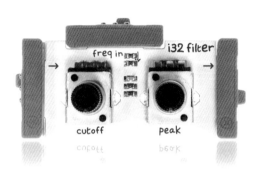

　　濾波器模組（i32）透過改變聲音中某些頻率的相對音量顯著影響聲音的效果，也就是音色。例如，當你增加高頻，聲音會變得「宏亮」。當你增加低頻，聲音會變得「陰沉」。

　　濾波器模組是個低通濾波器（low-pass filter），能過濾掉高於某個頻率的聲音。

　　濾波器模組有兩個旋鈕。上面寫著「cutoff」（截頻）的旋鈕是用來設定所要強調的頻率，寫著「peak」（峰值）的旋鈕是用來設定濾波器的強度。

　　你也可以用任何類比輸入電子積木調整截止頻率。這就是標示著「freq in」的 bitSnap 連接器的用途。試著加上感光器或滑動式調光器電子積木來控制音色吧！

延遲（Delay）

　　延遲模組（i35）幫聲音訊號加上回音的效果。上面有兩顆旋鈕，分別用來調整*時間*（*time*）和*回饋*（*feedback*）。時間旋鈕是用來設定每次重複的間隔時間，回饋旋鈕則是設定重複次數。試著搭配鍵盤電子積木和振盪器來製作一些未來太空感的音樂吧，電路如圖 3-12。此外也試試用隨機電子積木搭配濾波器和延遲電子積木產生毛骨悚然的恐怖音效，電路見圖 3-13。

圖 3-12 用延遲電子積木為旋律加上回音。

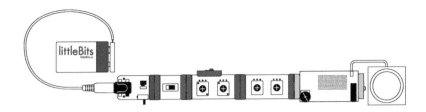

圖 3-13 搭配濾波器和隨機電子積木,延遲模組可以產生陰森恐怖的音效。

專題:用合成器套件打造合成器

　　動用合成器套件中的所有電子積木,打造一臺全功能合成器!依照圖 3-14 連接、調整各電子積木至你想要的音效。你也可以將鍵盤換成音序器電子積木。

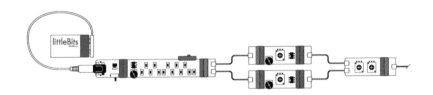

圖 3-14 用合成器套件中多個電子積木打造功能豐富的合成器。

MP3 播放器

　MP3 播放器模組隨附於智慧家庭套件中（*Smart Home Kit*，*http://littlebits.cc/kits/smart-home-kit*），它可以用來播放你自製的音樂或音效 MP3 檔案，只要把 MP3 存入隨附的 microSD 卡就行了。MP3 播放器可以當音訊播放器或取樣器（sampler）。它有兩種音量大小：同時按下「forward」（下一首）和「back」（上一首）可在兩種音量之間切換。

 MicroSD 卡中有詳細的有聲說明書。

來自 KORG 的新模組：MIDI、CV、USB i/o

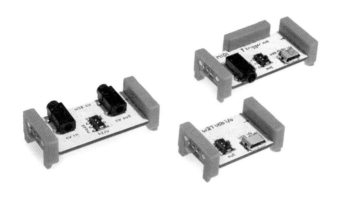

這三個來自 KORG 的模組，是「合成器套件」（*http://littlebits.cc/kits/synth-kit*）的絕佳拍檔。

MIDI 模組（w5）讓你用數位音樂工作站（digital audio workstation，DAW，像 Ableton Live、Pro Tools 等軟體）和其他 MIDI 相容樂器控制合成器套件。此外還能讓你把 littleBits 控制電壓轉換成 MIDI 訊號，用 littleBits 模組製作自己的 MIDI 控制器。

CV 模組（w18）讓你把整合器套件和其他數位合成器（例如模組化合成器或數位鍵盤）。

USB i/o 模組（w27）是一個 USB 音訊介面，能讓你將聲音錄進合成器套件中的 DAW，或是從 DAW 送音訊給合成器套件處理。此外也能整合你的合成器套件和常見的聲音工作站（Ableton、ProTools 或 Traktor、Max／MSP 等軟體）。

動起來

幾個輸出電子積木可以讓你的專題動起來。現在你知道怎麼製作音樂了，你還可以做一個可以隨音樂跳舞的專題。先介紹幾個馬達。

震動馬達（Vibration Motor）

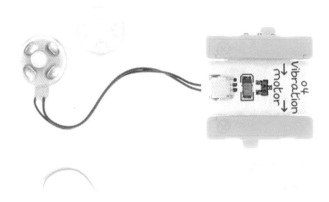

　　你的手機裡應該有個小型的震動馬達，就像震動馬達模組（o4）上的那樣。這顆馬達可以讓東西震動和發出嗡嗡聲。隨附的 vibeSnap 連接器可幫助把震動馬達固定在你要使用的材料上。你可以用任何類比輸入電子積木控制振動強度。

直流馬達（DC Motor）

　　直流馬達電子積木（o5）上有一個齒輪直流馬達。馬達軸上有個切換鍵，用來設定旋轉方向，你可透過更改輸入電壓影響馬達速度。現在就在電源模組和直流馬達之間接上任一個類比輸入試試看。電壓愈高，馬達跑愈快。

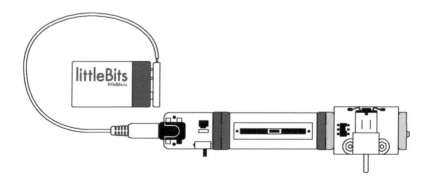

圖 3-15 直流馬達的速度可以透過輸入的電壓來控制。
你可以用類比輸入電子積木調整電壓。

你可能也注意到了，馬達的軸並非正圓柱體，而是有一面平面的。這有助於固定各種其他東西在馬達尾端，像是厚紙板、塑膠輪子、陶土或食物。

直流馬達隨附一件「馬達好朋友」，就是在第 1 章介紹過的配件。它讓你更容易把東西固定在馬達上。馬達好朋友也是專門用來連接樂高軸和直流馬達的。

專題教學：GramoPaint（作者：Makerspark）

http://littlebits.cc/projects/gramopaint

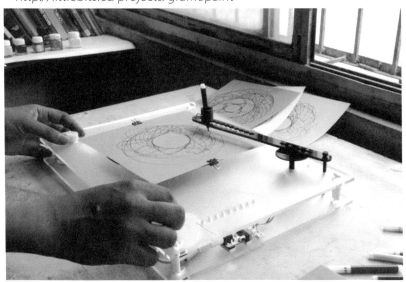

GramoPaint 是印度一群自造者聯手打造的作品。他們用兩個直流馬達：一個用來旋轉上面夾著一張紙的盤子，另一個用來移動夾著筆的夾臂。這樣的設計能畫出五彩繽紛的螺旋圖案。

這群自造者用雷射切割機切割出底座、3D 列印出支架、固定座、旋鈕等配件。他的專題網頁上有完整的製作説明，你可以照著自己做一個。

伺服馬達（Servo）

伺服馬達和直流馬達很不一樣，它的軸角度是固定的。像夾娃娃機的爪子，就可以用伺服馬達控制。littleBits 的伺服電子積木（o11）有兩個模式可切換：在「轉向」（turn）模式，軸柄位置由輸入電壓決定；在「擺動」（swing）模式，軸柄會來回擺動，擺動速度由輸入電壓決定。

試著照圖 3-16 接一個調光器或其他類比輸入，看看兩種模式的運動方式有何不同。

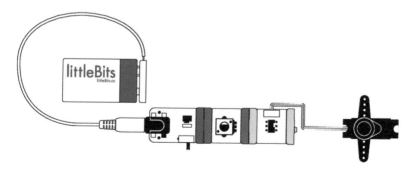

圖 3-16 伺服馬達的速度由輸入電壓高低決定。
你可以用類比輸入電子積木給予馬達電壓變化。

馬達軸上用螺絲鎖著的是*伺服擺臂*（*Servo horn*）。伺服馬達模組附有幾種不同的擺臂，如圖 3-17。將伺服馬達固定在你專題中要運動的部位，有許多方式。例如，你可以用一條細電線，像曬衣架之類的，穿過擺臂上的洞固定。

圖 3-17 伺服馬達模組附的配件叫做擺臂。

專題：遙控車

http://littlebits.cc/projects/remote-control-facetime-car

用一對無線模組、幾組直流馬達加一個伺服馬達，就可以做出一臺能在家四處走看的遙控車。遙控器上可裝滑動調光器電子積木，用來控制遙控車的行進方向和夾臂。

想再進階一點的話，加裝兩臺智慧型手機就能探勘未知的世界了，像是火星或沙發底下之類的。讓兩支手機進行視訊通話，一支手機裝在車上，一支手機裝在遙控器上。把車開到你喜歡的地方，感覺就像自己在開一樣。圖 3-18 是完成品的樣子。

圖 3-18 加裝了智慧型手機（選配）的遙控車和遙控器

完成這個專題，你需要：

- 2 x LED 電子積木
- 2 x 直流馬達電子積木
- 2 x 三叉線路電子積木
- 2 x 電源電子積木
- 2 x 9V 電池
- 1 x RGB LED 電子積木
- 3 x 滑動式調光器電子積木
- 4 x 單線電子積木
- 1 x 伺服馬達電子積木
- 1 x 無線接收器電子積木
- 1 x 無線傳輸器電子積木
- 2 x 固定板
- 各式泡棉、壓克力板、電線、膠帶等，用於製作車身
- 各種尺寸的螺絲

- 遙控車輪
- 選配：3D 印表機／雷射切割機和相關材料

 如果你沒有 3D 印表機和雷射切割機，也可以用泡棉、紙板和其他材料製作車體。不用智慧型手機，也可以加上自己設計的夾臂。

以下是自製遙控車的步驟。從連接電路開始：

1. 遙控器電路：電源後接一顆三叉線路電子積木，三叉線路的每一個分支後都接一顆滑動式調光器（共 3 顆），再加上一顆無線傳輸器，如圖 3-19。

2. 車體電路：電源後接一顆三叉線路電子積木。在三叉線路的第一個和第三個分支，各依序接一顆單線電子積木和一顆 LED。第二個分支，依序接一顆單線電子積木和無線接收器。在無線接收器的第一個頻段後，依序接一顆單線電子積木和一個直流馬達。第二個頻段接上伺服馬達（切換至轉向模式），第三個頻段依序接一顆 RGB LED 和直流馬達。圖 3-20 是電路的長相。

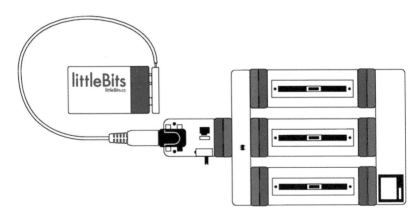

圖 3-19 遙控器電路。

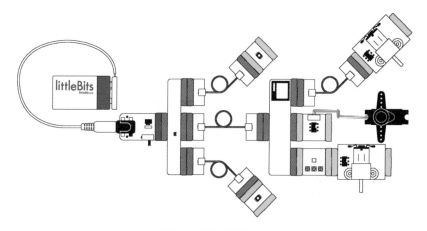

圖 3-20 遙控車電路。

在這個專題中，你需要思考一下使用者介面的問題，因為它確實會被使用！遙控器第一和第三個頻段上的滑動調光器，分別對應接收器後的兩個直流馬達。讓左手控制左輪，右手控制右輪會比較好操作。讓調光器垂直於使用者，往前推可使車子往前移動，也是比較合理的設計。圖3-21 是遙控器的建議配置。

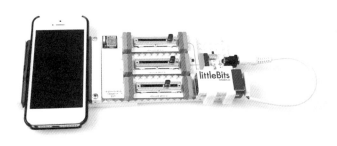

圖 3-21 裝有智慧型手機的遙控器。

車子上的電路元件配置也需要思考一下（尤其是無線接收器）。不管你把直流馬達放在車子的前面或後面，固定在車子上面或下面，都會影響車子移動的方式。看看哪種適合你。圖 3-22 是其中一種可能的配置。

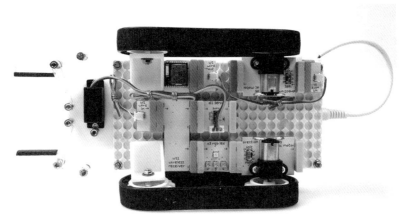

圖 3-22 電路位於車底的配置。

現在你要做一個夾具。Thingiverse 使用者 jjshortcut 用一顆小型的伺服馬達做出簡單的夾具（*http://www.thingiverse.com/thing:2415*）。我們將他的設計檔依照 littleBits 的伺服馬達稍做修改，並設計一個固定器，讓夾具能直接裝在固定板上。你可從 Thingiverse（*http://www.thingiverse.com/thing:258971*）下載修改過的夾具和固定器檔案。將這些檔案以雷射切割或是 3D 列印出來後，組裝起來。將夾具左臂固定在伺服馬達軸上。用兩顆 M2 沉頭螺絲鎖住伺服馬達。其他地方用的螺絲都是 M3。建議你在夾具和固定板之間用厚的點膠或 VHB 膠帶加強。

打造車體、上履帶。我們用 Pololu 30T 履帶組（*http://www.pololu.com/product/1416*）：

1. 把兩塊固定板以模組朝外的方向貼合。
2. 用 M3 機械螺絲和螺母鎖在一起。
3. 將 Pololu 履帶組的驅動鏈輪套上直流馬達的軸柄。
4. 將空轉鏈輪固定在一個 3D 列印出來的軸孔件（*http://www.thingiverse.com/thing:258997*）上。這種零件總共需要兩件。

5. 將套上履帶的直流馬達模組和 3D 列印件都裝在固定板底面。

　幾次嘗試錯誤後，我們發現當直流馬達模組和 3D 列印軸孔件之間間隔 7 個安裝孔（中心至中心距離約 12.5 個安裝孔）時，履帶行進表現最佳。建議你在這些零件與固定板之間用 3M VHB 膠帶或厚的點膠加強，因為橡膠履帶的張力可能會把模組扯下來。別忘了確認遙控車是否能依照遙控器的指示行進。我們把驅動輪放在後輪，右邊直流馬達設定成「左方」（left）模式，左邊直流馬達設定成「右方」（right）模式。

　把整塊電路放在車上。印出兩個「垂直電子積木固定架」（*http://www.thingiverse.com/thing:243540*）好讓 LED 保持直立。印出兩個電池架（*http://www.thingiverse.com/thing:243530*）固定電池。發揮創意、仔細考慮怎麼利用兩塊固定板有限的空間。

　如果你打算加裝智慧型手機在這個專題中，還有下面這些步驟要做：

1. 印出手機架（*http://www.thingiverse.com/thing:259039*）裝在車子後方。再用三顆 M3 螺絲使之可調整大小，以適用於各家廠牌手機。

2. 在固定板上將遙控器組裝完畢後，就可以裝上手機架。用雷射切割機切出前面提供的檔案，做出遙控器的手機架。側面有窄縫的大塊板子置於固定板背面，有螺絲孔的小件在固定板上方。放好你的手機後，用螺絲將它們鎖在一起。你可以鬆開螺絲，依手機大小調整尺寸。

3. 在夾臂尖端、車體和遙控器的手機架上黏一些 EVA 泡綿，可防止手機滑落。

4. 跟朋友借一支手機，用視訊軟體（Facetime 或 Skype 之類的）打給自己。一支手機放在車上，一支手機放在遙控器上。

　現在你可以展開大冒險了！由於車子沒辦法倒著開，記得留一些迴轉半徑，否則就得自己把開不回來的車子取回了。

第 4 章
無線與雲端通訊

目前為止用到的電子積木大多必須實體相連，才能互相傳送訊號。但在無線接收器和傳輸器的幫助下，傳輸訊號可以不用線。有了雲端電子積木（cloudBits），你的專題可以連上無線網路，讓你透過網際網路跟它互動。有一對雲端電子積木，你可以讓它們透過網際網路互相溝通。如此一來，你的專題影響力可以遍及全世界。

無線傳輸器和接收器

無線傳輸器（w12）和接收器電子積木（w11）必須一起使用，才能讓你的專題元件以無線方式彼此溝通。

傳輸器將收到的訊號直接傳給接收器，不需透過無線網路，也不需任何設定。最棒的是，這對電子積木隨插即用。

透過無線電子積木，你可以遙控機器人或汽車、製作出無線門鎖，或是當家中後門被打開時，讓在客廳的你收到通知。

試用傳輸器和接收器：

1. 在電源電子積木後面接一顆按鈕，按鈕後面接傳輸器的第一頻段，如圖 4-1。

2. 在另一顆電源電子積木後接接收器，接收器的第一個頻段接一顆 LED（或其他輸出），如 圖 4-1。

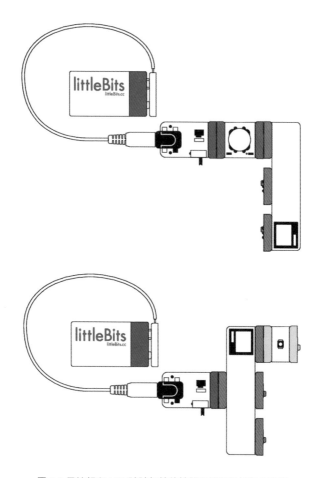

圖 4-1 用按鈕和 LED 試試無線傳輸器和接收器模組的效果。

按下第一個電路的按鈕，應會觸發第二個電路的輸出。試試看觸發距離最遠到哪裡。無線電子積木的觸發距離大約是 100 英尺，隔個房間應該還可以，但實際距離可能會因環境而有所不同。

　三個頻段表示每一對傳輸和接收器，可以有三個不同的輸入觸發三個不同的輸出。試著在傳輸器第二和第三個頻段加上不同的輸入，接收器第二跟第三個頻段加上不同輸出（圖 4-2）。

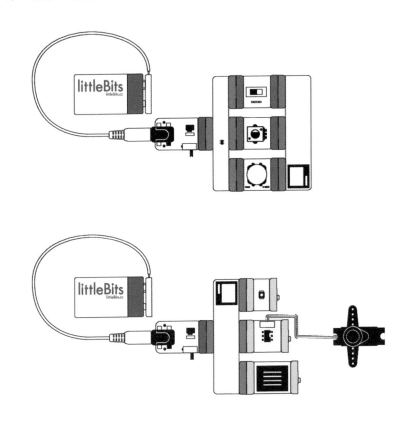

圖 4-2 傳輸器上三個輸入無線控制接收器上的三個輸出。

　一個傳輸器電子積木可以無線發送來自三個輸入的訊號給任何接收器。也就是說，如果你有一個傳輸器和多個接收器，所有接收器都會被傳輸器所控制。但這也表示在傳輸距離內，你只能使用一個傳輸器，否則會出現失控的反應。

專題教學：視訊遙控車

http://littlebits.cc/projects/remote-control-facetime-car

　　用一對無線模組、幾個直流馬達、一個伺服馬達和兩支智慧型手機，就能探索火星和沙發底下之類的未知世界！這就是未來太空人或是急著在地上找硬幣的人所能應用的解決方案。用分別在遙控器和車體上的兩支手機建立視訊通話，用遙控器上的滑動式調光器控制車子行進方向和夾臂。想開去哪就開去哪，就好像真的在開車一樣。照著第3章的「專題：遙控車」的說明，自己打造一臺遙控視訊車。

遠端觸發（Remote Trigger）

　　遠端觸發電子積木（i17）也是個能隔牆控制 littleBits 專題的簡單辦法。

它讓你可以遙控模組、組起 littleBits 電路、將遙控器指向觸發接收器，按下遙控器上的按鈕，觸發後就能進而控制。遙控觸發模組可以用在紅外線遙控器上的任何按鈕。你也可以用紅外線 LED（IR LED，o8）啟動遙控觸發。

紅外線傳輸器（IR Transmitter）和交流開關

　交流開關和紅外線傳輸器可用來遙控任何插在插座上的電器開關，幫你把家中電器變成可遙控的「智慧」家電。家流開關和紅外線傳輸器都包含在智慧家庭套件（*http://littlebits.cc/kits/smart-home-kit*）中。

　交流開關可以開啟電流 15A 以內的電器，像檯燈、電扇、咖啡機和冷氣機。

　紅外線傳輸器發送經過調變的紅外線短脈衝，無線啟動交流開關開啟檯燈或電扇之類的電器。你可以用瞬動式（按鈕）或鎖存式（搖頭開關）

輸入。要配對時，按下交流開關上的按鈕直到紅色 LED 閃爍。當你選擇紅外線傳輸器上的頻段，並用按鈕或其他輸入模組啟動，

交流開關會記住這個頻段，用同樣的步驟可重新設置。

你可以搭配聲音觸發模組（i20）製作出拍手啟動電器（*http://littlebits.cc/projects/clapper-machine*），讓任何家電只要拍拍手就能打開。看更多想法，請上「訣竅和花招」（*Tips & Tricks*，*http://littlebits.cc/tips-tricks/tips-tricks-ir-transmitter-the-ac-switch-2*）網頁。

雲端電子積木（cloudBit）

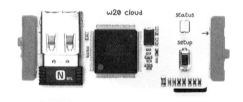

讓你的專題可以上網，就像是又解鎖了一個全新的領域。雲端電子積木（cloudBit，w20）是個功能強大又簡單易用的電子積木，不但能讓距離超遠的 littleBits 專題彼此溝通，還能透過「IFTTT」（本章後面會更詳細地介紹 IFTTT）與更多線上服務相連接。如果你是進階開發者，它的開放 API 讓你能創意無上限地運用它。

雲端電子積木能讓你的專題透過無線網路上網，連上 littleBits 雲端控制伺服器（Cloud Control server）。伺服器接收來自雲端電子積木

輸入端 bitSnap 連接器的訊號後，送出訊號給輸出 bitSnap 連接器。littleBits 雲端伺服器有 API，能將你的雲端電子積木和其他雲端電子積木、IFTTT 或是你自己的網路伺服器連結。

基本設定

使用雲端電子積木前，必須先註冊 littleBits 帳號，還要準備好無線網路。設定過程會要求你幫雲端電子積木設定名稱、連接指定的無線網路並同時記住，之後只要開啟就會自動連上。整個過程很簡單明瞭，littleBits 雲端控制 app 會全程引導你。為求完整，以下是 littleBits 雲端電子積木透過無線網路設定的步驟。

1. 將雲端電子積木接上 USB 電源電子積木。雲端電子積木開啟時會先亮白燈。

> 必須用 USB 電源電子積木供電給雲端電子積木。其他的電源電子積木的電流都不夠，會導致雲端電子積木行為異常。USB 電源電子積木也必須接到至少 1A 以上的電源供應器。

2. 電子積木開啟時，打開電腦、手機或平板的瀏覽器，到 *http://control.littlebitscloud.cc* 這個網址。

> 你的裝置必須跟雲端電子積木連到同一個無線網路。

3. 如果你還沒有 littleBits 帳號，先註冊一個。如果已經有了，現在登入。如果已經登入則不需要再登入一次。

4. 幫你的雲端電子積木設置一個名稱，按下「Save Name」（儲存名稱）：

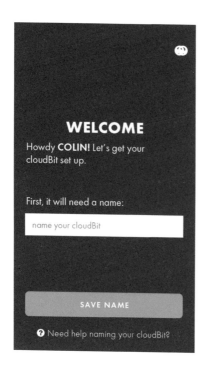

5. 等狀態指示燈開始閃爍，按下「STATUS LIGHT IS FLASHING」（狀態指示燈閃爍中）。

這些步驟只有全新尚未連過網的雲端電子積木才需要。如果你的雲端電子積木已經綁定過 littleBits 帳號和無線網路，流程會稍有不同。

6. 將雲端電子積木調到設定模式。按住電子積木上的設定按鈕直到閃爍藍色再放掉。當藍光變成恆亮，按下寫著「BLUE LIGHT IS STEADY」（藍光恆亮）的按鈕。藍光恆亮表示雲端電子積木已經變成一個無線網路存取點了。

7. 到你電腦或裝置的無線網路設置，使之連上這個無線網路存取點。它的網路名稱會是「littleBits_Cloud_…」（最後幾個字母

會是獨特的一串英數字串，每個雲端電子積木不同）：

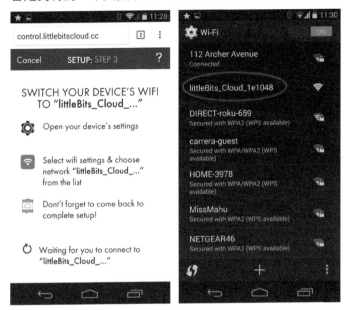

8. 回到瀏覽器，選擇你家的無線網路名稱、輸入密碼。這個步驟可能要花一兩分鐘，耐心等一下。

9. 把電腦或裝置連回你家的無線網路。

10. 一開始雲端電子積木會閃綠燈，當連上無線網路、可上網後綠燈顯示為恆亮。

11. 當你的雲端電子積木可以上網，就會自動導向測試。

AWESOME!

You have successfully connected your
cloudBit to the internet.

New to the cloudBit?

TRY SOME SAMPLE CIRCUITS

Returning expert?

GO TO DASHBOARD

如果連線有問題，你可以把雲端電子積木設定成
「診斷模式」（Diagnostic Mode），以取得故
障排除資訊。

要測試雲端電子積木：

1. 照著 app 的指示，在電源電子積木和雲端電子積木之間裝一顆
   按鈕，等 LED 再次亮綠燈。由於你把電源從雲端電子積木上移
   除重接了，雲端電子積木需要再次開機並連上無線網路（綠燈
   閃爍表示正在連接無線網路；如果閃紅燈，請聯繫 littleBits 的
   技術支援）。往左拖或滑，到下一頁。

2. 當你長按按鈕不放，會看到指針從 0 跑到 100%。往左拖或滑，
   到下一頁。

3. 照著 app 的指示，在雲端電子積木後接上一顆輸出電子積
   木。往左拖或滑，到下一頁。

4. 按下螢幕上的按鈕，啟動輸出電子積木！

設定完成後，你將被導到雲端控制介面。

雲端控制

雲端控制是控制雲端電子積木的網頁介面，可以在電腦、平板或手機的網頁瀏覽器上使用，只要在網址列輸入 *http://control.littlebitscloud.cc* 就能進入。最棒的是，不管你人在哪裡，只要有網路，就能存取你的雲端電子積木，以讀取輸入狀態或控制輸出。

圖 4-3 在雲端控制介面上可以看到你所有的雲端電子積木，
調整它們的設定、送訊號給它們，並存取它們收到的輸入訊號。

所有綁定你 littleBits 帳號的雲端電子積木都會出現在左邊的「My cloudBits」（我的雲端電子積木）。底下一排按鈕讓你能控制輸出、讀取輸入，連上 IFTTT（見本章後面的「IFTTT」），以及更改電子積木設定。

　　花一點時間研究一下雲端控制介面：

1. 在左邊「MY CLOUDBITS」選單選擇你剛設定好的雲端電子積木。
2. 按下下方「SEND」（送出）按鈕。
3. 送出鈕的畫面是一個大大的紫色按鈕。按下它時，會打開雲端電子積木的輸出 1 秒鐘：

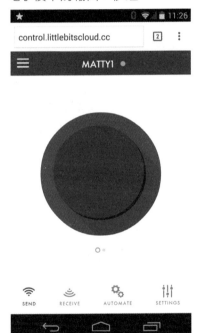

4. 往左滑或拖曳，會看到數字為 0 的滑動控制閥，讓你可以控制雲端電子積木輸出類比訊號。拖拉滑動控制閥，看看 LED 的亮度變化！
5. 按下下方的「RECEIVE」（接收）。雲端電子積木的輸入有兩種視覺化呈現，兩個都會顯示可接收的類比訊號範圍。第一個是指

針，往左滑則是數字。

6. 由於連接的是按鈕，你會注意到它不是關就是開。試著換成類比輸入然後讓雲端電子積木重開機。你會看到送出類比訊號給雲端電子積木時，雲端控制介面顯示的數值。

7. 點一下螢幕下方的「SETTINGS」（設定）。在這裡你可以更改雲端電子積木的名稱、所連接的無線網路、觀看進階資訊、從雲端控制介面刪除，或是設定成跟隨其他電子積木（見本章後面「專題：突然好想你」）。

8. 螢幕下方的「AUTOMATE」（自動化）會導向 IFTTT 上的 littleBits 頻道。這裡有很多有趣的玩意兒可以研究，我們下一章再深入介紹。

圖 4-4 用雲端控制面板測試雲端電子積木。

IFTTT

IFTTT（發音同「gift」去掉子音「g」）的意思是「If This Then That」（若此則彼），是一個免費的線上服務連結平臺。舉例來說，用 IFTTT 可以

設定，若你最喜歡的部落格發表新文章，則寄給你一封通知信。或是當你在 Instagram 上對一張照片按愛心，則自動推特給你的追蹤者。

IFTTT 不只能連結線上服務，還能與連網的實體裝置互動。例如，有一個 iPhone 和 Android 的 app 可以接收通知或觸發其他服務的行為。如果你有任何支援該 app 的活動追蹤器、家庭自動化裝置或其他連網裝置，就能透過 IFTTT 觸發或是被觸發。

littleBits 雲端電子積木是 IFTTT 的絕佳夥伴，其輸入端可以用來觸發許多線上服務的各種行為。接一顆按鈕到雲端電子積木，並啟用 IFTTT，就可以用這顆按鈕：

- 送警訊到手機
- 寄 email 給朋友
- 在 Facebook 上發表動態
- 發送推特
- 透過 Belkin WeMo、Quirky Wink 或 Philips Hue 等家庭自動化平臺打開家中的燈
- 族繁不及備載

其他線上服務的行為也可以觸發雲端電子積木的輸出。接一顆 LED 到雲端電子積木並啟用 IFTTT，以下行為都可以開啟這顆 LED：

- 收到一封 email
- 氣象預報顯示今天會下雨
- 你最喜歡的球隊比賽開始
- 國際太空站經過你頭頂
- 你的摯友在 Instagram 上發表照片
- 族繁不及備載

試著將 IFTTT 與雲端電子積木的互動設定成「當按下按鈕就寄 email 給你」：

1. 如果你還沒有帳號，到 *https:// ifttt.com* 註冊一個。
2. 登入後，點「Channels」（頻道），選擇 littleBits 頻道。
3. 進入瀏覽頻道後，點「Activate」（啟用）。

4. 如有要求，登入你的 littleBits 帳戶。

5. 在上方選擇「My Recipes」（我的菜單）。

6. 選擇「Create a Recipe」（建立菜單）。一張菜單是由一個觸發指令和一個行動所組成。

7. IFTTT 會先要求輸入觸發頻道。選擇 littleBits 頻道。

8. 選擇「Input received」（收到輸入）觸發。

9. 選擇本章前面介紹過的「基本設定」中你選擇的雲端電子積木名稱，按下「Create Trigger」（建立觸發）。

10. 現在畫面上要求輸入行為頻道。選擇「email」。

11. 點「Send me an email」（寄 email 給我）行為。

12. 如果你要的話可以修改 email 內文。

13. 點「Create Action」（建立行動）。

14. 按下接在雲端電子積木前的按鈕。

按下按鈕後不用多久，你應該就會收到 IFTTT 寄來的信。乍看沒什麼神奇之處，但是若沒有 littleBits 和 IFTTT，這整個任務其實相當困難。

當 littleBits 碰上 IFTTT，能做的事情可多了！以下是 littleBits 社群分享的應用：

專題：比賽開始！

如果你是個健忘的運動迷，很可能會忘記某場重要比賽。利用 IFTTT 上的 ESPN 頻道，比賽開始時，你的球隊紀念商品就會發光。

製作這個專題，你需要：

- 雲端電子積木
- USB 電源電子積木
- USB 電源轉接器
- micro USB 線
- 線燈電子積木
- 一件球隊紀念品，或一張印有球隊隊徽的紙
- 如有需要，可準備厚紙板或相框

以下是製作步驟：

1. 依照本章前面介紹過的「基本設定」說明設定雲端電子積木，並連上無線網路。
2. 依照前面的「IFTTT」說明建立 IFTTT 帳戶。
3. 登入你的 IFTTT 帳戶，選擇「Create Recipe」（建立菜單）。
4. 選擇 ESPN 為觸發頻道。
5. 選擇「New game start」（新比賽開始）為觸發行為，然後選擇你的聯盟跟隊伍。
6. 選擇「Create Trigger」（建立觸發）。
7. 選擇 littleBits 為行動頻道。
8. 選擇專題所使用的雲端電子積木，輸出層級設定為 100%，期間選擇「Forever」（永遠）。選擇「Create Action」（建立行動）。
9. 選擇「Create Recipe」（建立菜單）。
10. 建立另一個菜單：把觸發設定成 ESPN 的「New final score」（新終場比數），行動輸出設為 0%。
11. 用線燈裝飾你的球隊紀念品，並把線燈接到雲端電子積木的輸出。

　　現在只要你的球隊開始比賽，球隊紀念品就會亮起，比賽結束就會自動熄滅。如果想要再明顯吵鬧一點，可以把比賽開始所觸發的行為設定成鳴哨 10 秒之類的。這樣你就肯定不會忘記了！

專題：突然好想你

當你不在心愛的人身邊時，如何讓他們知道你在想念他們呢？傳簡訊當然可以，但有沒有更快的方式？這個專題用兩顆互相溝通的雲端電子積木，讓你跟愛人可以即時傳情。

這個專題有兩個部分。一個在你的桌上，另一個在對方桌上，不管對方在地球哪個角落。當你按下桌上的按鈕，對方桌上的愛心就會旋轉。當對方按下他桌上的按鈕，你桌上的愛心也會旋轉。這是說我想你最簡單的方式！

這個專題的關鍵在雲端電子積木巧妙的*跟隨*（follow）功能。把一顆雲端電子積木（稱之為雲端電子積木 A 吧）設定成跟隨雲端電子積木 B，電子積木 A 的輸出會跟電子積木 B 的輸出相同。雲端電子積木可以彼此跟隨，因此雲端電子積木 A 的輸入會輸出到雲端電子積木 B，反之亦然。就像兩者之間有一條超級長、可以繞地球一圈的線路電子積木！

製作這個專題，你需要：

- 2 x 雲端電子積木
- 2 x USB 電源電子積木

- 2 x USB 電源轉接器
- 2 x micro USB 線
- 2 x 按鈕電子積木
- 2 x 直流馬達電子積木
- 黏土、厚紙板或 3D 印表機＋熔絲，用來製作愛心
- 外蓋：樂高、厚紙板或塑膠都可以。

以下是「突然好想你」的製作步驟：
1. 連接 USB 電源、按鈕、雲端電子積木和直流馬達，如圖 4-5。
2. 用黏土、厚紙板做或 3D 列印一個可以套在直流馬達軸上的愛心。你可以到 Thingiverse 下載直流馬達電子積木適用的 3D 列印設計檔（*http://www.thingiverse.com/thing:497720*）。
3. 在各個要放置愛心的地點，依照本章前面介紹過的「基本設定」來設定雲端電子積木並連接無線網路。幫各個雲端電子積木取個有意義的名稱，如兩人的名字。

兩顆雲端電子積木必須綁定同一個 littleBits 帳號，才能使用「跟隨」功能。

4. 登入雲端控制介面。分別進入兩顆雲端電子積木，選「Settings」（設定），設定成跟隨（follow）另一顆雲端電子積木。
5. 用樂高、厚紙板、木頭或任何你喜歡的材料，製作出裝置的外觀。

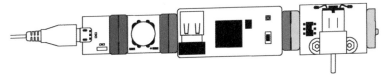

圖 4-5 連接雲端電子積木和馬達。

只要兩個裝置都有連上無線網路，長按其中一個按鈕，另一個愛心就會旋轉。

雲端電子積木進階班

如果你熟悉網頁開發，可以用 BitCloud API（*http://developer.littlebitscloud.cc/*）進一步發揮雲端電子積木的潛能。這個 API 讓你可以利用雲端電子積木的完整功能，從你的網路伺服器讀寫至雲端電子積木。你還可以提供回呼網址（callback URL）和訂閱狀態變更等事件。

如果你用 Node.js 開發網頁，2014 年歐盟 Node 研討會（NodeConf EU 2014）littleBits 工作坊（*https://github.com/littlebits/cloud-api-lessons*）的範例和資源能幫助你瞭解如何與雲端電子積木連結。

第 5 章
用 Arduino 電子積木寫程式

如你所見，littleBits 一行程式碼都不用寫就可以做很多事。但只要加入 Arduino 模組，就能發揮程式的力量。幾行程式碼就能讓專題精確地照你的要求行動。

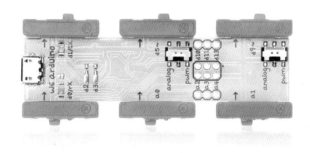

Arduino 模組有 3 個輸入和 3 個輸出 bitSnap 連接器。上方有個 micro USB 插孔，用來連接電腦，在電腦上寫程式用。進階自造者可以用上面的金屬點焊接更多輸入和輸出。

本章將簡單介紹如何使用 Arduino 模組，但由於篇幅有限，無法介紹所有 Arduino 能做的事。幸好，有許多有用的資源能幫助你，像是

Arduino 官方網站（*http://www.arduino.cc/*）就是個深入瞭解 Arduino
能耐的好去處。

Arduino 到底是何方神聖？

　　Arduino 是一個可編程微控制器平臺（programmable microcontroller
platform）。平臺的核心是一顆晶片，你可以寫程式讓這顆晶片讀取輸
入、做決策和控制輸出。圖 5-1 的 Arduino Uno 是一塊基本款 Arduino
控制板（還有許多不同的款式）。你可以用電腦 USB 供電、上傳程式碼
和讀取板上的資料。Arduino 也是程式語言跟開發環境的名字。

圖 5-1 Arduino Uno 是最主流的一款 Arduino 控制板。
littleBits 的 Arduino at Heart 模組跟 Arduino Leonardo 最接近。

ittleBits Arduino 模組的微控制晶片是 Atmel 的 ATmega 32u4，跟 Arduino Leonardo 和 Micro 一樣。這顆晶片的行為和 Arduino Uno 有幾點主要的差異，如果你已經很熟悉 Arduino Uno，可到這裡（*http://arduino.cc/en/Guide/ArduinoLeonardoMicro*）觀看這些差異內容。

littleBits 的 Arduino 模組是一個「*Arduino at Heart*」產品，Arduino at Heart 的意思就是外觀看起來雖然不像 Arduino，但和 Arduino 相關周邊大多相容。例如，你可以用標準 Arduino 程式碼和 Arduino 軟體幫模組寫程式。

littleBits 的 Arduino 模組擷取了 Arduino 的能力和靈活性，使之與 littleBits 模組庫相容，如此一來你就不用煩惱接線和焊接的問題。只要把 Arduino 模組和其他模組透過 bitSnap 連接器相連，幫 Arduino 模組寫程式，就完成了大部分工作。

基本設定

要幫 Arduino 的晶片寫程式，必須先下載 Arduino 的整合開發環境（integrated development environment，IDE），它是寫程式、編譯和上傳至板上的工具。依照以下步驟設定你的電腦、幫 Arduino 模組寫程式，並進行測試：

全新剛拆封的 Arduino at Heart 模組依不同輸入有以下行為：

- 當有訊號送到 d0，Arduino 模組會產生每秒一次脈衝至 d1 連接的任何輸出模組。
- 任何送至 a0 的輸入都會被讀取並直接輸出至 d5。
- 如有任何類比輸入至 a1，其設置會決定 d9 的衰落率。

當你幫 Arduino at Heart 模組寫好程式後，這些行為會被你上傳的程式所取代。

1. 在電源模組後面接上 Arduino 電子積木。

 Arduino 模組透過 bitSnap 連接器獲得電力，不是透過 USB，如圖 5-2。幫 Arduino 模組寫程式時，前面必須接著電源模組。

2. 在標示 **d1/tx** 的 bitSnap 連接器後面接上任何輸出電子積木（如 LED）。如果你的 Arduino 電子積木是全新剛拆封，你會看到 LED 每秒開關一次，這是晶片的原廠設定。

3. 連接任何類比輸出電子積木（如條狀指示圖模組）到 **d9~**。同樣的，Arduino 電子積木的原廠設定會讓條狀指示圖重複地上下跑動。

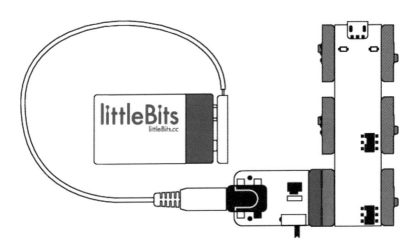

圖 5-2 供電給 Arduino 模組。

接下來，安裝軟體並幫模組寫程式：

1. 到 Arduino 下載頁面 *http://arduino.cc/en/Main/Software*。

2. 依照你的作業系統點選下載最新版的安裝程式，支援的作業系統有 Windows、Linux 和 OS X。

3. 執行安裝程式或複製應用程式到電腦（這個步驟會依你的作業系統有所不同）。

4. 啟動 Arduino IDE（這個步驟會依你的作業系統有所不同）。

5. 用一條 microUSB 線連接 Arduino 電子積木到你的電腦，如圖 5-3。如果你的作業系統是 Windows，你可能需要照 Windows 驅動程式安裝說明（*http://arduino.cc/en/Guide/ArduinoLeonardoMicro?from=Guide.ArduinoLeonardo&toc10*）操作。

6. 點選「File」（檔案）→「New」（新增）產生一個新的「sketch」（腳本）。腳本在 Arduino 中就是程式的意思。

7. 在程式碼視窗中輸入範例 5-1 的程式碼。看起來應該像圖 5-4。

8. 到「Tools」（工具）→「Board」（電路板）選擇「Arduino Leonardo」。

9. 到「Tools」→「Serial Port」（序列埠）選擇 Arduino 電子積木連接的序列埠。在 Windows 上可能是 COM3、dev/ttyUSB……，在 Linux 上可能是 /dev/ttyACM……，Mac OS 上可能是 /dev/tty.usbmodem 之類的。序列埠名稱會依你使用的電腦有所不同，可能需要多試幾次才能找到正確的序列埠（可把模組從電腦上移除，看一下序列埠清單，再插回去，然後選擇新增加的那一個）。

10. 按下工具列上的「Upload」（上傳）。你會看到 Arduino IDE 下方出現進度條在跑。上傳應不會花太久時間（10 秒以內）。上傳完畢後，進度條會顯示「done uploading」（上傳完畢）。

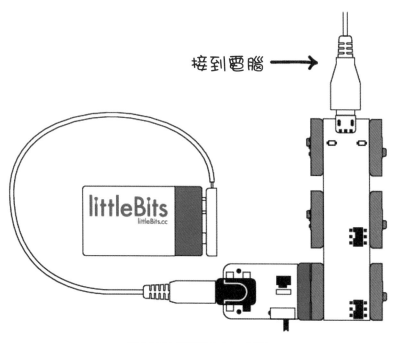

圖 5-3 接上電腦的 Arduino 模組。

```
sketch_oct15a | Arduino 1.0.5

sketch_oct15a §

void setup() {
  pinMode(1, OUTPUT);
}

void loop() {
  digitalWrite(1, HIGH);
  delay(100);
  digitalWrite(1, LOW);
  delay(100);
}

9                    Arduino Leonardo on /dev/tty.usbmodemfd121
```

圖 5-4 Arduino IDE（整合開發環境）。

 如果你需要更多 Arduino 的操作說明，可參考 Arduino Leonardo 和 Micro 的官方說明書（*http:// arduino.cc/en/Guide/ArduinoLeonardoMicro*）。

當接到 **d1/tx** 的 LED 快速閃爍，就表示設定已經正確完成，可以開始寫程式了。閃爍表示電腦和 Arduino 模組之間正在進行序列通訊。

每當你上傳新程式碼到 Arduino 模組，都會自動覆蓋之前的程式碼。最新上傳的程式碼會存在板上的記憶體中，只要上電就會自動執行。

範例 5-1 你的第一個 Arduino 程式－閃爍

```
void setup() {     ❶
pinMode(1, OUTPUT);     ❷

}

void loop() {   ❸
digitalWrite(1, HIGH);    ❹
delay(100);    ❺
digitalWrite(1, LOW);   ❻
delay(100);   ❼
}
```

❶　當模組首次上電或是恢復原廠設定時，執行所有設定功能中的程式碼。

❷　設定 d1 為輸出。

❸　設定功能完成後，重複執行所有重複功能中的程式碼。

❹　開啟 d1。

❺　等候 1/10 秒（100 毫秒）。

❻　關閉 d1。

❼　等候 1/10 秒（100 毫秒）。

Arduino 腳本入門

讓我們再進一步瞭解構成 Arduino 腳本的程式碼。

每一個 Arduino 腳本都有兩大塊程式碼：setup（設定）功能和 loop（重複）功能。當 Arduino 電子積木接電，就會自動執行設定功能內的程式碼，重複執行直到電源被切斷

你所寫的 Arduino 程式碼是程序性（*procedural*）的，也就是說在這些功能中，程式碼會被一行一行地照著撰寫的順序執行。你的程式碼基

本上就是 Arduino 電子積木上微控制器要執行的步驟清單。

通常每個陳述或指令會是自己一行，不過這是為了幫助我們人類閱讀，並非一定要這麼做。不過每個陳述結尾都一定要加上分號（;）。幫 Arduino 寫程式時，陳述結尾要加分號就跟句子結尾要加句點是一樣的。

瞭解如何在程式碼中加註解對於寫程式是很有幫助的。註解（範例 5-2）幫助其他看程式碼的人瞭解你要做什麼，在你回頭看自己寫的程式碼時，也能幫助你回憶當初在寫什麼！

範例 5-2 兩種註解

```
pinMode(d1, OUTPUT); // anything after the slashes on a line
                     // is ignored.*1
/*
Anything between a slash asterisk and
an asterisk slash will be ignored by the compiler.
It's to use for great for multi-line comments.*2
*/
```

現在你知道 setup 和 loop 功能了。它們是你寫腳本時要定義的程式碼區塊。Arduino 程式碼庫中還有許多已經寫好的功能，可以直接透過你的程式碼執行。接下來我們介紹其中三種功能：

pinMode

pinMode 是一個通常可以從 **setup** 中叫出來的功能。它告訴微處理器你打算如何使用某個引腳，當作輸入或輸出。板上的微處理器有許多可以做不同事情的引腳，因此你必須告訴它哪個引腳該做什麼。（在 littleBits 中，引腳就是 bitSnap 連接器）。**pinMode** 的句法是：

```
digitalWrite(pin, HIGH or LOW);
```

pinMode（注意大小寫！）後面的引號中有兩個參數，用逗號分開。第一個參數是引腳，第二個參數是輸入或輸出。引腳 d1、d5 或 d9 通常

---

*1　一行程式碼中，任何在雙斜線後的資訊會被忽略。

*2　兩組斜線加星號中間的資訊會被編譯器忽略，在寫多行註解時相當好用。

是輸出，因為它們就是模組上的三個輸出 bitSnap 連接器。引腳 d0、a0 或 a1 通常是輸入，因為它們就是模組上的三個輸入 bitSnap 連接器。

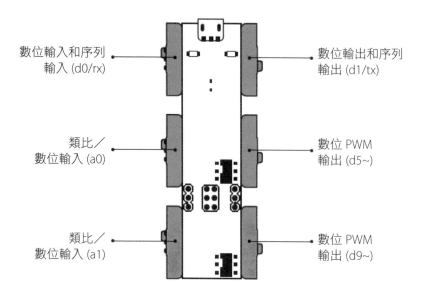

圖 5-5 Arduino 模組上的各種輸入和輸出。

digitalWrite

digitalWrite 是設定輸出為 ON 或 OFF 的功能。在 Arduino 的語言裡，HIGH 就是 ON，LOW 就是 OFF。請確認你要設定 ON 或 OFF 的引腳已經以 pinMode 被設定為輸出。通常這個功能會用在引腳 d1、d5 或 d9，也就是輸出 bitSnap 連接器。digitalWrite 句法是：

```
digitalWrite(pin, HIGH or LOW);
```

引號中第一個參數是你要設定的引腳。第二個參數是設定為 HIGH（ON）或 LOW（OFF）。該引腳會維持這樣的模式直到被另一個 digitalWrite 修改。

delay

delay（延遲）告訴微處理器停止並等候幾毫秒再繼續下一個陳述。當你要保持某個輸出狀態一段時間的時候就會用到。舉例來說，你可以用它來把某一個輸出設定為 ON 並保持 1 秒後關閉。句法是：

```
delay(milliseconds);
```

為一個參數是等候時間。例如，要等 1 秒再執行下一行程式碼，陳述如下：

```
delay(1000);
```

delay 是個常用的功能，但要記得，執行 **delay** 時，直到延遲結束之前其他任何事情都不會發生。因此如果你要讓輸出以不同的時間間隔閃爍，在寫程式碼時需要一點技巧。

現在你對 pinMode、digital Write 和 delay 有更進一步的認識了，試著修改範例 5-1，讓三顆輸出全部閃爍，並上傳到板上。

Arduino 輸入和輸出

對腳本有基本的認識後，你可以開始用 Arduino 對輸出下基礎指令。關於輸出還有幾點你需要知道，而輸入會是一個全新的領域。要深入瞭解這些主題，先上傳一個新程式碼範例（範例 5-3）到板上。當你按下按鈕，條狀指示圖會開始填滿，然後降到 0。如果你用的是 LED 電子積木，它會慢慢亮起然後突然熄滅。

1. 連接一顆按鈕至 d0，一顆 LED 或條狀指示圖電子積木到 d5。當然也接上一顆電源電子積木。整個設置看起來像圖 5-6。

2. d5 bitSnap 連接器旁有一個切換鍵，確定它切換到「analog」（類比）。

3. 點選「File」（檔案）→「New」（新增）產生新腳本。

4. 將範例 5-3 的程式碼輸入視窗。

5. 到「Tools」（工具）→「Board」（板）確認「Arduino Leonardo」仍有被選擇。

6. 到「Tools」（工具）→「Serial Port」（序列埠）確認選擇了正確的序列埠。

7. 按下工具列上的「Upload」（上傳）按鈕。

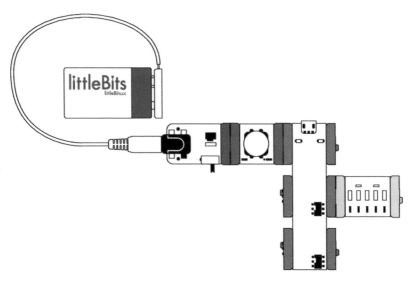

圖 5-6 用數個輸入和類比輸出。

 在你的程式碼中，當要指涉輸入引腳時，用「0」表示 d0/rx 連接器，A0 代表 a0 連接器，A1 代表 a1 連接器。輸出引腳 d1/tx、d5 和 d9 分別用 1、5 和 9 表示。

範例 5-3 輸入和輸出

```
void setup() {
pinMode(0, INPUT);     ❶
pinMode(5, OUTPUT);
}

void loop() {
  if ( digitalRead(0) == HIGH ) {   ❷
    for (int i = 0; i <= 255; i++) {   ❸
      analogWrite(5, i);   ❹
      delay(10);
    }
    delay(500);
    analogWrite(5, 0);   ❺
  }
}
```

❶ 設引腳 d0 為輸入，d5 為輸出。

❷ 若 d0 為 ON 則執行大括號裡的程式碼。

❸ 用 for 迴圈執行大括號裡的程式碼區塊 256 次，從 0 數到 255 並在每個步驟時都將值儲存在叫做 i 的變數中。

❹ 將 d5 類比輸出值設為目前 i 的值。

❺ 將 d5 類比輸出值設為 0。

範例 5-3 中有許多新東西要學，讓我們一一來拆解。

digitalRead

範例 5-3 出現了 **digitalRead**，這個功能檢查某個引腳的狀態，讓你的程式碼依此採取某種行動。**digitalRead** 句法為：

```
digitalRead(pin);
```

digitalRead 功能依照輸入狀態回傳值 HIGH 或 LOW。當按鈕被按下時會回傳 HIGH。當按鈕沒有被按下時會回傳 LOW。當與 if 陳述一起使用時，可以讓一個程式碼區塊只有該引腳為 HIGH 時才執行：

```
if( digitalRead(0) == HIGH ) {
// Any code between the curly braces will be executed
// when the pin is HIGH.*³
}
```

analogWrite

analogWrite 也出現在範例 5-3。相對於 digitalWrite 只能開關引腳，analogWrite 可以將引腳設置在全關到全開中間的任意值。在 Arduino 模組上，只有輸出腳位 d5 和 d9 可以輸出類比訊號。這些腳位都標示有波浪符號（~），提醒你它們可以類比輸出。analogWrite 句法如下：

```
analogWrite(pin, value from 0 to 255);
```

想當然第一個參數是你要控制的腳位，第二個參數是 0（全關）到 255（全開）之間任何整數。

兩個可以類比輸出的 bitSnap 連接器都有個切換鍵，可以在 PWM 和「analog」（類比）之間切換（圖 5-7）。由於 Arduino 上的晶片是數位的，它只能輸出全關（0V）或全開（5V）訊號。不過，它可以以快速脈衝的方式模擬類比訊號。這叫做脈衝寬度調變（*pulse width modulation*）。當你將輸出從 PWM 切換到「analog」（類比），它會透過低通濾波器（*low pass filter*）輸出 PWM 訊號，低通濾波器負責將脈衝轉為穩定的 0V 至 5V 直流電壓。

---

*3　引腳為 HIGH 時任何大括號中間的程式碼都會被執行。

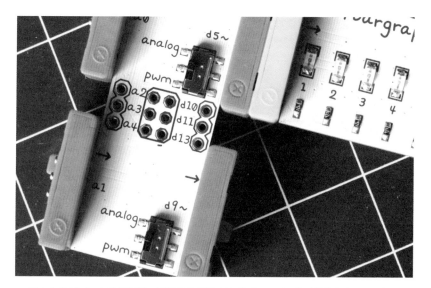

圖 5-7 d5 和 d9 上的切換鍵，可類比控制輸出脈衝（PWM）或可變電壓（analog）。

你可從條狀指示圖模組看出兩種模式的差異。在 PWM 模式，引腳送出 0V 和 5V 之間的脈衝，條狀指示圖模組上所有 LED 會逐漸暗去。切換到類比模式，條狀指示圖 LED 會隨電壓從 0V 增加到 5V 而逐顆亮起。

大部分情況下會使用類比模式，除非你要把 Arduino 模組用在合成器套件專題中，當成訊號產生器，才會用到 PWM 模式。littleBits 研發總監保羅與 OK GO 樂團合作的「另一組物件」合成器（*Another Set of Objects*，*http://littlebits.cc/projects/ok-go-another-set-of-objects-synth*），就是把 Arduino 模組與合成器電子積木一起用的實例。

在範例 5-3，類比輸出腳位的值受到 for 迴圈控制逐漸變化。for 迴圈常用來重複某個區塊的程式碼特定次數（不過它能做的事還多著呢）。句法有點複雜：

```
for(int i = 0; i <= 255; i++) {
    // Any code between the curly braces will be executed
    // 256 times*⁴
}
```

在前面一塊程式碼中，你可以用變數 i 取得目前迭代的值。也就是說，迴圈第一次執行時，i 等於 0，第二次執行時 i 等於 1，同理直到 i 等於 255。這就是範例 5-3 中 **analogWrite** 功能使用 i 的原因。每次迴圈執行時，類比值都會增加直到全開。迴圈迭代 256 後，下一行程式碼開始執行。在範例 5-3 中，Android 模組等候半秒鐘後將腳位 5 的類比輸出歸為 0。

現在你瞭解數位輸出、數位輸入和類比輸出了，剩下類比輸入還沒試過，現在試試：

1. 連接一顆調光器至 a0。
2. 連接一顆 LED 或其他光源輸出電子積木至 d1。
3. 連接電源電子積木。接好後的樣子如圖 5-8。
4. 建立一個新腳本，貼上範例 5-4 的程式碼，上傳到 Arduino 電子積木。這個腳本會使 LED 依照類比輸入的設置閃爍。

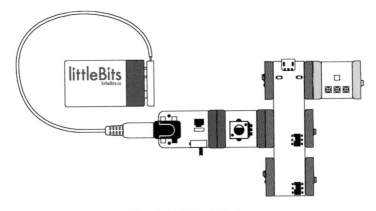

圖 5-8 連接類比輸入至 a0。

*4　大括號中間的任何程式碼會被執行 256 次。

範例 5-4 類比輸入

```
void setup() {
  pinMode(1, OUTPUT);
}

void loop() {
  int n = analogRead(0);    ❶
  digitalWrite(1, HIGH);
  delay(n);    ❷
  digitalWrite(1, LOW);
  delay(n);    ❸
}
```

❶ 建立一個變數叫 n，並儲存來自類比輸入腳位 0 的值在其中。

❷ 將腳位 d1 轉為 ON 後，等候 n 毫秒。

❸ 將腳位 d1 轉為 OFF 後，等候 n 毫秒。

analogRead

範例 5-4 介紹如何從一輸入取得類比值。Arduino 模組上有兩個可以讀取類比輸入的 bitSnap 連接器：a0 和 a1。

 當你要用 a0 和 a1 作為類比輸入時，不需用 pinMode 功能將它們設定成輸入。

下面是 analogRead 的句法：

```
analogRead(pin);
```

這個功能會回傳一個介於 0 到 1023 之間的值，0 等於 0V 電壓（全關），1023 等於 5V（全開）。範例 5-4 將 analogRead 陳述的值存成一個新的整數變數叫 n。變數（variable）就是晶片記憶體上一個儲存資料的位置。整數變數儲存整數。

要把值存在變數中，只要在需要的時候使用變數名稱。所以，與其呼叫 delay 使之只能延遲指定毫秒數，把變數名稱放在括號之間，模組就

會等候該值的毫秒數。

鍵盤與滑鼠控制

　　Arduino 模組晶片有一個超棒的功能，就是可以當成 USB 鍵盤或滑鼠。如此一來，你的專題可以輕鬆與電腦互動。因此你可以用 littleBits 製作一個客製化電腦遊戲控制器。

　　用 littleBits 製作簡單的滑鼠：

　　1. 接一顆按鈕到 Arduino 模組的 d0。

　　2. 在 Arduino 模組的 a0 和 a1 各接一顆滑動調光器。

　　3. 用單線、三叉和樹枝電子積木連接按鈕和兩顆滑動調光器到電源模組（見圖 5-9。）

　　4. 將滑動調光器調到中間位置。

　　5. 連接 Arduino 模組到你的電腦，上傳範例 5-5 程式碼到模組。

　　現在當你連接這個專題到電腦並啟動，電腦就會把它認成滑鼠。滑動調光器會移動游標，按鈕會觸發單擊。

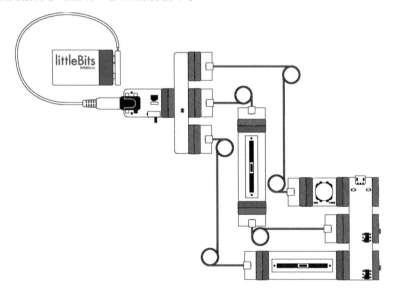

圖 5-9 用一顆按鈕和兩個滑動調光器自製滑鼠控制器。

範例 5-5 滑鼠控制器

```
int xPos;  ❶
int yPos;  ❷

void setup() {
  Mouse.begin();  ❸
  xPos = analogRead(A1);  ❹
  yPos = analogRead(A0);  ❺
  pinMode(0, INPUT);
}

void loop() {
  int xMove = analogRead(A1) - xPos;  ❻
  int yMove = analogRead(A0) - yPos;  ❼
  Mouse.move(xMove, yMove);  ❽
  xPos = xPos + xMove;  ❾
  yPos = yPos + yMove;  ❿
  if (digitalRead(0) == HIGH) {
    Mouse.click(MOUSE_LEFT);  ⓫
  }
}
```

❶ 建立一個全域變數叫 xPos，儲存滑鼠 x 軸（左／右）的資料。

❷ 建立一個全域變數叫 yPos，儲存滑鼠 y 軸（上／下）的資料。

❸ 開始模擬滑鼠。

❹ 讀取類比輸入 a1 初始值並儲存於全域變數 xPos。

❺ 讀取類比輸入 a0 初始值並儲存於全域變數 yPos。

❻ 建立一個區域變數 xMove，儲存類比輸入 a1 當前值與前一次讀取值的差異。

❼ 建立一個區域變數 yMove，儲存類比輸入輸入 a0 當前值與前一次讀取值的差異。

❽ 根據 xMove 的值左右移動滑鼠。

❾ 根據新位置更新 xPos。

❿ 根據新位置更新 yPos。

⓫ 當按鈕被按下，模擬滑鼠左鍵點擊。

這個範例使用了幾個新概念──變數可視範圍和滑鼠功能。

變數可視範圍（Variable Scope）

範例 5-5 的重點是 Arduino 編程中的「變數可視範圍」概念。上方建立的兩個變數，xPos 和 yPos，叫做全域變數（*global variables*）：它們可以從腳本中的任何地方讀取和寫入，因為它們是在程式碼區塊之外（也就是大括號之外）被定義的。

另一方面，xMove 和 yMove 是在 loop 功能中被定義，也只能在 loop 功能中被讀寫。迴圈完成後，這些變數就被刪除（下一次迴圈執行時再被建立起來）。xMove 和 yMove 屬於區域變數（*local variables*）。

滑鼠功能

這個範例也用了滑鼠功能。

Mouse.begin

這個功能使 Arduino 模組開始模擬滑鼠。一般來說你會在設定功能中呼叫這個功能。它沒有任何變數：

```
Mouse.begin();
```

Mouse.move

這個功能使 Arduino 模擬滑鼠在 x 軸和 y 軸上移動某幾個像素。呼叫時 x 值在前，y 值在後：

```
Mouse.Move(x,y);
```

負的 x 值把滑鼠往左移動，正的 x 值往右移；負的 y 值往上移，正的 y 值往下移。

Mouse.click（）;

這個功能使 Arduino 模擬單點擊後釋放滑鼠。唯一的變數是那一顆按鈕：

```
Mouse.click(MOUSE_LEFT);
```

其他選項包括：`MOUSE_RIGHT` 和 `MOUSE_MIDDLE`。

還有其他幾個可能用得上的滑鼠功能，詳細內容請見「Arduino 滑鼠與鍵盤參考文件」（*http://arduino.cc/en/Reference/MouseKeyboard*）。

專題：HelloRun 遊戲控制器

HelloRun（*http://hellorun.helloenjoy.com/*）是一個好玩且免費的網頁介面遊戲。你駕駛一臺飛機在迷宮中飛、用鍵盤上下鍵躲避障礙物。在這個專題中，你會用樂高、滾輪開關和 Arduino 模組幫這款遊戲製作一個客製控制器。

你可以自行決定如何用樂高組出控制器，但以下元件一定會用到：

- 1 x Arduino 電子積木
- 2 x 滾輪開關電子積木
- 1 x 雙叉電子積木
- 2 x 單線電子積木
- 2 塊 littleBits 轉接板，母板

- 1 x 有反向卡扣的 2x2 樂高板狀積木（料號 4237084）
- 1 塊 1x2 樂高科技磚（Technic brick，料號 370001）
- 2 塊 1x2/2x2 樂高天使板（料號 4278046）

 上述所有的樂高積木都在樂高創意桶（Lego Creative Bucket，料號 10662）裡。加一塊樂高底板（如料號 4568012）會有幫助，但不是必備。

以下是自製遊戲控制器的步驟：

1. 電源模組後連接一顆雙叉模組，雙叉的輸出端分別連接一顆滾輪開關。
2. 將滾輪開關分別接到 Arduino 模組的前兩個輸入端。開關應處於「close」（關閉）模式。圖 5-10 是整個電路的長相。
3. 上傳範例 5-6 的程式碼到 Arduino 模組，並確認滾輪開關啟動後有發送一個上或下的按鍵訊息。
4. 在樂高底板上組一道 2x8 的樂高牆。
5. 裝一顆樂高角板在底板上，使轉階板可以垂直於底板貼在牆上。將滾輪開關（處於「close」關閉模式）接到角板。
6. 將 2x2 反向卡扣樂高板裝在科技磚上，再把科技磚裝在牆頂上。
7. 將 2x8 樂高磚裝在旋轉的 2x2 板上，讓 2x8 磚能啟動滾輪開關。這個步驟需要花一點工夫嘗試。

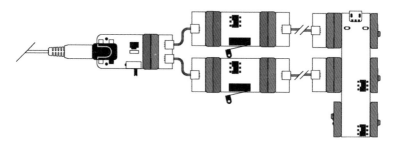

圖 5-10 HelloRun 方塊圖

範例 5-6 HelloRun 控制器

```
void setup() {
  Keyboard.begin();     ❶
  pinMode(0, INPUT);
  pinMode(A0, INPUT);
}
void loop() {
  if (digitalRead(0) == HIGH) {
    Keyboard.press(KEY_UP_ARROW);     ❷
    while (digitalRead(0) == HIGH) {
      // Do nothing until the switch is released*⁵
    }
    Keyboard.releaseAll();     ❸
  }
  if (digitalRead(A0) == HIGH) {
    Keyboard.press(KEY_DOWN_ARROW);     ❹
    while (digitalRead(A0) == HIGH) {
      // Do nothing until the switch is released*⁶
    }
    Keyboard.releaseAll();     ❺
  }
}
```

❶ 啟動鍵盤模擬。

❷ 長按向上鍵。

❸ 當滾輪開關被釋放時，放開向上鍵。

❹ 長按向下鍵。

❺ 當滾輪開關被釋放時，放開向下鍵。

---

*5　開關釋放前不做任何動作。

*6　開關釋放前不做任何動作。

圖 5-11 這個控制器使用了 Arduino 輸入上的兩個輸入。

圖 5-12 轉接板讓你把滾輪開關固定在牆邊上。

這個專題運用了兩個新概念——鍵盤模擬和 while 迴圈。

鍵盤模擬（Keybaord Emulation）

鍵盤模擬跟滑鼠模擬很類似。

Keyboard.begin

這個功能告訴 Arduino 模組開始模擬鍵盤。一般來說你會在設定功能中呼叫這個功能。它沒有任何變數：

```
Keyboard.begin();
```

Keyboard.press

這個功能告訴 Arduino 長按某一個按鍵。以下是句法：

```
Keyboard.press(KEY);
```

例如，輸入小寫 n，就是：

```
Keyboard.press('n');
```

可到 Arduino 參考頁面相關主題下查看特殊鍵盤清單，包括 shift 和 control 等修飾鍵（*http://arduino.cc/en/Reference/KeyboardModifiers*）。

Keyboard.releaseAll

這個功能告訴 Arduino 放開任何一顆被按下的按鍵。它沒有變數：

```
Keyboard.releaseAll();
```

可到「Arduino 滑鼠與鍵盤參考文件」看更多實用的鍵盤功能（*http://arduino.cc/en/Reference/MouseKeyboard*）。

while

while 關鍵字的意思是，若某些情況為真則執行大括號裡的程式碼：

```
while(condition) {
    // Keep looping this code as long as condition is true*⁷
}
```

在範例 5-6 中，就是長按向下鍵直到滾輪開關被釋放。

用 Scratch 幫 Arduino 電子積木寫程式

Scratch（*http://scratch.mit.edu/*）是建立程式、故事、遊戲和動畫的視覺工具（圖 5-13）。出自麻省理工媒體實驗室的「終身幼稚園團隊」（Lifelong Kindergarten Group）之手，Scratch 是專門幫助孩子「創意思考、系統推理和協同合作」的工具。你可以用 Scratch 輕鬆幫 Arduino 電子積木寫程式，用於風力渦輪模擬器（一個模擬風力搜集與使用的專題，見影片 *https://www.youtube.com/watch?v=_-apSTKW3jE*）之類的專題。參見 littleBits Scratch 外掛（*http://littlebits.cc/education-scratch-extensions*），學習如何將 Scratch 用在電子積木專題中。

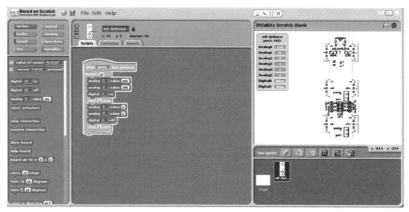

圖 5-13 Scratch 應用於 littleBits 專題。

---

*⁷　條件成立時重複這段程式碼。

第 6 章
創造你自己的電子積木

　雖然有個龐大的模組庫任君選用，littleBits 的目標是讓這個模組庫無限擴充！有些工具可以幫助你建立電路、創造屬於你的獨特電子積木。本章涵蓋一部分的原型設計工具，並告訴你如何在硬體應用程式商店 Bitlab（*http://littlebits.cc/ bitlab*）線上販賣你自製的積木。

　在介紹自製電子積木的工具前，我們要先回顧一些 littleBits 平臺的技術規格。讓我們從 bitSnap 連接器開始，見圖 6-1。

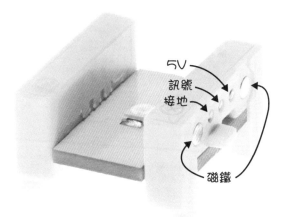

圖 6-1 bitSnap 連接器。

在兩塊磁力墊之間有三個電路接點，這些電路接點就是每顆電子積木之間的走線。每顆電子積木的 BitSnap 連接器都是中間一個接點連接至5V 電壓，靠外兩個接點接地。每顆電子積木都是這樣獲得電力的。

中間接點傳遞介於 0 至 5V 之間的訊號（signal）。對數位訊號而言，0V 代表 OFF，5V 代表 ON。類比訊號可以是 0V、5V 或 0V 到 5V 之間的值。

萬用表（multimeter）是一個可以幫助你設計原型的工具，它可以測量電壓和其他電路屬性。萬用表不用很高級，高級的可能很貴。Maker Shed、Adafruit 或 Sparkfun 都可以用 20 美元買到基本款，夠你用很久了。

如果沒有萬用表，也可以在設計原型的過程中，用電壓模式的計數電子積木或條狀指示圖電子積木感測 littleBits 電路的電壓訊號。

自訂輸出入模組（Proto Module）

Proto 模組跟之前介紹過的電子積木長得不太一樣；它有兩組各三個螺絲端子和一組三條跨接線。螺絲端子讓你可以外接線路到 littleBits 電路。跨接線連接輸入 bitSnap 連接器和輸出 bitSnap 連接器。

有了這些跨接線，proto 模組就像一個基本的線路模組，把電力傳遞給下一個電子積木。

你可以用很簡單的方式證明：

1. 將接好跨接線的 proto 模組連接至電源電子積木。
2. 連接任何輸出電子積木到 proto 模組。你會發現 proto 模組傳遞來自電源模組的電和 ON 訊號，激發輸出電子積木，行為就跟線路電子積木一樣。
3. 拔起左邊的跨接線，也就是靠近「GND」（接地）字樣的那一條。當你拔起最左邊的跨接線，接地線路斷開，電路不完整。
4. 插回接地跨接線。
5. 拔起最右側的跨接線。當你拔起最右側的跨接線，連至 5V 的線路再次斷開，電路不完整。
6. 插回 5V 跨接線。

大部分情況下接地線和 5V 線必須接好。如果你要自製輸出電子積木，訊號跨接線也必須接好，因為輸出電子積木要把訊號傳給下一個電子積木。如果你要自製輸入電子積木，則必須移除訊號跨接線，讓你的電路處理訊號後再送到下一個電子積木。

Proto 模組包含在硬體開發套件（*http://littlebits.cc/kits/hdk*）內。同一個套件中還有一個 perf 模組（w29）和 bitSnap 連接器。Perf 模組讓你直接在模組上打造小型電路。當你準備好自己設計 PCB 板，你可以將灰色 bitSnap（圖 6-2）接在板上。隨附的色碼貼紙讓你可以輕鬆標示 bitSnap 為電源、輸入、線路或輸出。

圖 6-2 灰色 bitsnap。

現在我們試做一個簡單的輸出電子積木。

自製輸出模組

輸出電子積木除了傳遞訊號到下一個電子積木外，還會在訊號線上顯示發生了什麼事。在本節，我們要做一個很簡單的、有 LED 的輸出電子積木。

試作本節的範例需要一些電子原型設計工具和補給品：
- 麵包板
- 架空電線或跨接線
- 剪線鉗
- 各色 LED
- 各式電阻

自製輸出：
1. 在電源模組後面接一顆調光器模組。
2. 調光器後面接一顆 Proto 模組。三條跨接線都接上。

3. 將一條跨接線伸入 IN 螺絲端子的中間位置並鎖緊。這條線將 Proto 模組前任何一個電子積木的輸入訊號傳遞到你的輸出模組。

4. 插一根跨接線到 IN 螺絲端子的左邊位置（GND，接地）。

5. 將兩條線另一端都接到麵包板上同一橫列的不同位置。

6. 插一顆 LED 在麵包板上，使短引線（陰極）和接地跨接線在同一直行上。

7. 插一顆電阻在麵包板上，使之連接 LED 的長引線（陽極）和訊號線。大部分情況下，一顆 150 歐姆電阻就夠用，但還是參考後頁「正確選擇電阻」瞭解電阻值的計算方式。整組電路看起來像圖 6-3。

調整調光器，觀察 LED 變化。

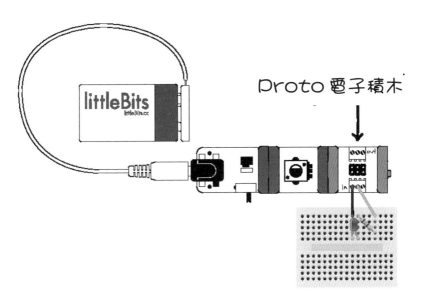

圖 6-3 用 Proto 模組自製輸出模組。
見 Fritzing 網站上的麵包板方塊圖（http://fritzing.org/）。

正確選擇電阻

在 LED 電路中加上*限流電阻*（*current limiting resistor*）是很重要的步驟，這樣才不會讓過高的電流損壞 LED。

大部分情況下，一顆 150 歐姆電阻就足以幫一般 LED 限流，但你可以用下面的方法確認。

用簡單的數學就能算出所需電阻值，跟電壓和 LED 特性有關。

$$R = (V_s - V_L) / I_L$$

R

電阻值，以「ohm」（歐姆）為單位

Vs

來源電壓，在 littleBits 上是 5V。

VL

LED 正向壓降。這跟你用的 LED 有關。

IL

LED 正向電流，以安培為單位（3mm 和 5mm LED 一般用 20mA，所以用 .02）

要幫 LED 找出適當 VL 和 IL 值，需要參考 LED 的規格書（datasheet），通常能在購買 LED 的網路商店網頁找到連結。

完成你的電子積木模組後，可以分享到 bitLab，如果有夠多的社群成員投票給你，你的模組就可以被量產。以下是一些 bitLab 上的成功案例。

ScopeBit

http://littlebits.cc/bitlab/bits/oscilloscope

示波器模組（名為 Oscilloscope Moudule 或 ScopeBit）是一個小型

輸出模組，可以顯示通過訊號的波形。

EMG SpikerBox
http://littlebits.cc/bitlab/bits/emg-spikerbox
EMG SpikerBox 模組能透過簡單的皮膚表面電極，以非侵入性的方式偵測人體肌肉的電子訊號。

MaKey MaKey 模組
http://littlebits.cc/bitlab/bits/the-makey-makey-module
MaKey MaKey 模組把日常用品變成觸控板，並與電腦軟體和網路結合。

自製輸入模組

輸入模組會修改經過的訊號再傳到下一個電子積木。本節中，你會製作一個很簡單、有一顆按鈕開關的輸入電子積木。

試作本節範例需要一些電子原型設計工具和補給品：

- 麵包板
- 架空電線或跨接線
- 剪線鉗
- 瞬動觸摸開關，如 Adafruit 料號 367 這件（*http://www.adafruit.com/product/367*），或是 Maker Shed 出的「Mintrionics 生存套件 」（*Mintronics：Survival Pack*，*http://www.makershed.com/products/mintronics-survival-pack*）內附的開關。

自製輸入的步驟：

1. 在電源模組後接上 proto 模組。
2. 把 proto 模組上左右的跨接線接好，中間的跨接線拔掉。如此一來，電源電子積木的訊號就無法自動穿過 proto 模組。
3. 將一條跨接線伸入 OUT 螺絲端子的中間位置後鎖緊。這條線將輸入訊號從你的輸入模組傳送到 Proto 模組後的電子積木。

4. 將一條跨接線伸入 IN 螺絲端子的中間位置（來自你輸入模組前任何電子積木的訊號）後鎖緊。

5. 插一個按鈕到麵包板上，使之跨越麵包板中間。如果插不進去，將按鈕旋轉 90 度。

6. 將 proto 模組的一條線接到按鈕最左側的直行，另一條線接到最右側的直行。

7. 連接一顆輸出，如 LED 電子積木，到 proto 模組。整組電路看起來如圖 6-4。

按下按鈕看 LED 電子積木亮起。

訊號覆蓋（Signal Override）

在電源電子積木和 proto 模組之間插入一顆按鈕電子積木。你必須兩顆按鈕都按下才能把訊號傳到輸出電子積木。

如果你想讓這顆按鈕忽略來自前一個電子積木的訊號狀態，移除 IN 螺絲端子中間的線，改接到 OUT 螺絲端子（電源）的右邊。如此一來，只要你按下按鈕，它就會傳送訊號，不管前面的電子積木送出什麼訊號給它。

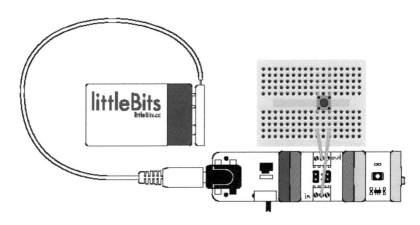

圖 6-4 用 Proto 模組自製輸入模組。
麵包板的線路圖參考 Fritzing 上（http://fritzing.org/）。

自訂電路模組（Perf Module）

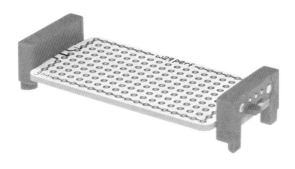

Perf 模組很適合用來製作暫時性的電路。設計完成後，你可以把電路焊死在 Perf 模組上。

輸入和輸出

讓我們用 Perf 模組製作一個既是輸入也是輸出的電子積木。收到訊號時它會點亮 LED，同時也有一個你可以按下送出訊號的按鈕。我們會以前頁提到的「訊號覆蓋」所寫的方式串接，所以你可以送出訊號，就算前一顆電子積木沒有送任何訊號給它，這樣的行為跟一般的按鈕電子積木不同。

試作這個範例，你需要本章前面提到的所有元件跟工具。

1. 仔細看圖 6-5，以一樣的方式在 Perf 模組上放置元件。以下幾點需要注意：

   a. 從訊號連接電阻到一個尚未接任何東西的通孔。

   b. 連接 LED 短引線到 Perf 模組最下面一排，也就是標示「gnd」那一側。長引線穿過尚未接上任何東西的通孔。

   c. 在麵包板上裝「瞬動觸摸式開關」（momentary tactile switch），但方向是前一個範例旋轉 90 度，如圖 6-7，這樣按下按鈕時，會送出 5V 電壓至輸出。這是因為底下兩條按鈕引線在內部是彼此相連的，上面兩條也是彼此相連的。只有在你按下按鈕時，上下引線才會相連，使電源和訊號線相接。

2. 把 Perf 電子積木翻過來，折彎 LED 的長引線，使之接觸電阻引線，形成如圖 6-6 的連結，以電路用的烙鐵跟焊槍焊死。

3. 仔細檢查各個連結。依照圖 6-7 連接電源電子積木、按鈕電子積木、Perf 模組和 LED 電子積木。

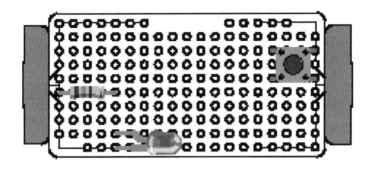

圖 6-5 用 Perf 模組製作一個同時是輸入和輸出的模組。
按鈕、LED 和電阻線路圖參考 Fritzing（*http://fritzing.org/*）。

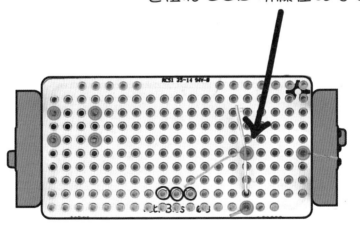

圖 6-6 箭頭所指紅點就是焊接位置。

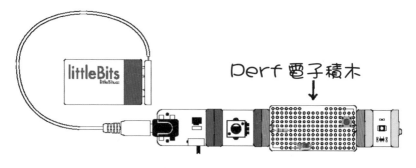

圖 6-7 連接 Perf 模組。

全部接好後，開啟電源電子積木。如果正常運作，按下按鈕電子積木的按鈕時 LED 會亮，按下 Perf 模組上的按鈕時，LED 也會亮。

還能做什麼？

運用 Proto 模組和 Perf 模組，你可以為你的 littleBits 專題製作出各式各樣的輸入和輸出模組。下面這些範例可以提供你一些靈感：

濕度感測器（*Humidity Sensor*）
　　濕度感測器是 bltRobotics 為 bitLab（*http://littlebits.cc/bitlab*）設計的電子積木。在 bitLab 上，littleBits 顧客可以票選他們想要的硬體，littleBits 會把勝出的專題生產出來。濕度感測器可以測量相對濕度，並輸出 0V 至 5V 間的類比訊號。

觸摸感測器（*Touch Sensor*）
　　觸摸感測器是 Bare Conductive 為 bitLab 設計的電子積木，是個厲害的電容式距離感測器。當你靠近它時會送出訊號到與它相連的電子積木。距離愈近，送出電壓愈高。用一條鱷魚夾電線，一端接到觸摸感測器的金色電極，另一端接到錫箔、導電泡棉或是一塊塗著導電漆的表面。開啟觸摸感測器，它會根據材料自動校準，把材料變成距離感測器。用隨附的螺絲起子可微調感測距離。用它來偵測

偷餅乾的人，發出警告音，或是控制合成器的振盪器，手不用碰就能產生美妙聲音！

Makey Makey

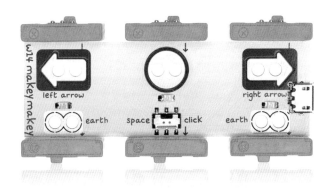

MaKey MaKey 把日常用品變成觸控板、連接電腦軟體甚至上網。現在你可以用各種日常用品觸發 littleBits 模組，或是用 littleBits 模組觸發電腦上的應用，甚至兩者一起。

MaKey MaKey 模組透過一條 micro USB 線接到電腦，並有三個輸入端：「left arrow」（左箭頭）、「right arrow」（右箭頭）和「space/ click」（空白鍵／點擊，依你的設定產生行為）。這些輸入可分別被動作觸發或感光器等 littleBits 模組所控制。MaKey MaKey 的輸入也連接到 littleBits 輸出，所以你可以用一根香蕉控制振盪器，或用一杯水移動伺服馬達。

噗噗鼓（*Bleep Drum*）

噗噗鼓是一個以 Arduino 為基礎的低傳真（lo-fi）鼓機。littleBits 模組版本可以被任何變化的訊號觸發，像是振盪器、音序器或簡單的按鈕輸出。噗噗鼓聲音清脆，和合成器模組圓滑的聲音是絕配！

噗噗鼓模組有兩個模式。在「analog」（類比模式），鼓聲和音高

由輸入的類比高低程度所決定,類似音序器模組;在「digital」(數位模式),鼓聲和音高由嗶嗶鼓的旋鈕控制。來自任何模組的脈衝都可以觸發鼓聲,包括按鈕、感光器、振盪器或其他模組。

這些模組還能變出非常多的花樣。上 littleBits 硬體開發套件(*Hardware Development kit*,*http://littlebits.cc/kits/hdk*)網頁和 bitLab 論壇(*http://discuss.littlebits.cc/c/bitlab*),看看你和大家能用創意、電路和 littleBits 擦出什麼不一樣的火花吧!

littleBits快速上手指南：
用模組化電路學習與創造

Getting Started with littleBits：
Prototyping and Inventing with Modular Electronics

作者：艾雅‧貝蒂爾（Ayah Bdeir）、麥特‧理查森（Matt Richardson）
譯者：江惟真
系列主編：井楷涵
執行編輯：Emmy
行銷企劃：李思萱
版面構成：張裕民

出　　版：泰電電業股份有限公司
地　　址：臺北市中正區博愛路七十六號八樓
電　　話：(02)2381-1180　傳真：(02)2314-3621
劃撥帳號：1942-3543 泰電電業股份有限公司
馥林網站：http://www.fullon.com.tw/

總 經 銷：時報文化出版企業股份有限公司
電　　話：(02)2306-6842
地　　址：桃園縣龜山鄉萬壽路二段三五一號
印　　刷：普林特斯資訊股份有限公司

■二〇一七年六月初版
定　　價：360 元
I S B N：978-986-405-042-0

國家圖書館出版品預行編目資料

littleBits 快速上手指南 ：用模組化電路
學習與創造 / 艾雅 . 貝蒂爾 (Ayah Bdeir),
麥特 . 理查森 (Matt Richardson) 著 ；江
惟真譯 . -- 初版 . -- 臺北市：泰電電業，
2017.06
面 ； 公分
譯自：Getting started with littleBits :
prototyping and inventing with modular
electronics
ISBN 978-986-405-042-0(平裝)

1. 電子工程 2. 電路
448.6　　　　　　　　106007101